高职高专"十三五"规划教材

高分子合成实训

王有朋　罗资琴　主编

化学工业出版社

·北京·

本书以合成典型高分子产品为实训目标，将理论基础和实训技术相结合，内容包括高分子合成实训室安全与防护、高分子合成实训理论基础、高分子合成基本技术、高分子合成实训、高分子分析与性能测试。

本书可作为高职高专院校高分子材料及其相关专业的实训教材，也可供从事高分子材料研究和应用的工程技术人员参考使用。

图书在版编目（CIP）数据

高分子合成实训/王有朋，罗资琴主编．—北京：化学工业出版社，2019.5
ISBN 978-7-122-33994-2

Ⅰ.①高⋯ Ⅱ.①王⋯②罗⋯ Ⅲ.①高分子化学-合成化学 Ⅳ.①O63

中国版本图书馆CIP数据核字（2019）第038018号

责任编辑：提　岩　于　卉　　　　　　　文字编辑：陈　雨
责任校对：张雨彤　　　　　　　　　　　装帧设计：王晓宇

出版发行：化学工业出版社（北京市东城区青年湖南街13号　邮政编码100011）
印　　装：三河市延风印装有限公司
787mm×1092mm　1/16　印张7　字数168千字　2019年7月北京第1版第1次印刷

购书咨询：010-64518888　　　　　　　　售后服务：010-64518899
网　　址：http://www.cip.com.cn
凡购买本书，如有缺损质量问题，本社销售中心负责调换。

定　　价：25.00元　　　　　　　　　　　　　　　　　　　版权所有　违者必究

前言

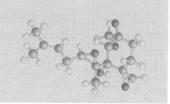

根据高分子类或石油化工类人才在高分子合成领域的技能培养目标，结合编者多年从事本课程的教学实践经验，本书在编写中沿着从基本化学实验技术到高分子合成实验技术再到小型聚合装置、高分子分析检测训练的主导思路，结合高分子实训室安全、高分子基本理论等知识，充分体现"工学结合"实践教学过程，使该课程在人才培养中起到关键的纽带作用。

本书以培养学生在高分子合成方面的职业能力为主要目标，在实训中穿插理论知识，安排合成典型高分子产品的"项目化"教学，将实践技能操作和理论学习相互融合，突出实用性、技术性、创新性。课程的实施需要充分调动学生学习的能动性，使学生掌握高分子合成技能操作。全书共分为高分子合成实训室安全与防护、高分子合成实训理论基础、高分子合成实训基本技术、高分子合成实训、高分子分析与性能测试五部分内容，其中高分子合成实训包括高分子合成基础实训和高分子合成工艺实训两部分，是掌握高分子合成技能操作的重要体现。

本书由兰州石化职业技术学院王有朋、罗资琴主编，其中第一章由罗资琴编写，第二章由兰州石化职业技术学院刘兴勤编写，第三～五章由王有朋编写，全书由王有朋统稿。

由于编者水平所限，书中不足之处在所难免，欢迎广大师生、读者批评指正！

编者
2019 年 2 月

目 录

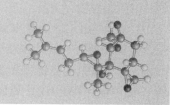

第一章　高分子合成实训室安全与防护　001

第一节　高分子合成实训室安全规则 / 001
第二节　高分子合成实训室安全预防 / 002
第三节　高分子合成实训意外事故的紧急处理 / 003
　一、火灾 / 003
　二、外伤 / 004
　三、试剂灼伤 / 004
　四、中毒 / 004
第四节　危险药品的使用与保管 / 004
第五节　废弃物的处理 / 005
　一、废气的处理 / 005
　二、固体废弃物的处理 / 006
　三、液体废弃物的处理 / 006

第二章　高分子合成实训理论基础　008

第一节　高分子聚合反应机理 / 008
　一、自由基聚合 / 008
　二、离子聚合 / 009
　三、配位聚合 / 009
　四、开环聚合 / 009
　五、逐步聚合 / 010
　六、共聚合 / 010
第二节　聚合实施方法及应用 / 011
　一、连锁聚合的实施方法 / 011
　二、逐步聚合的实施方法 / 013

第三章　高分子合成基本技术　016

第一节　高分子合成实训仪器和装置 / 017
　一、高分子合成实训仪器 / 017
　二、高分子聚合反应装置 / 019

第二节　高分子合成实训的基础操作 / 021
　　一、温度控制 / 021
　　二、原料纯化和产物的精制 / 022
　　三、聚合物的干燥 / 029
　　四、化学试剂的称量和转移 / 029
第三节　聚合物的分离、纯化和分级 / 030
　　一、聚合物的分离和纯化 / 030
　　二、聚合物的分级 / 032
第四节　试剂精制和基本操作 / 033
　　一、常用有机溶剂的纯化 / 033
　　二、常用引发剂的精制 / 036
　　三、常用单体的精制 / 037

第四章　高分子合成实训　039

第一节　高分子合成基础实训 / 039
　　项目一　单体和引发剂的精制 / 039
　　项目二　甲基丙烯酸甲酯的本体聚合 / 041
　　项目三　丙烯酰胺的水溶液聚合 / 044
　　项目四　高吸水性树脂——聚丙烯酸钠的制备 / 045
　　项目五　苯乙烯的悬浮聚合 / 047
　　项目六　苯丙乳液聚合 / 048
　　项目七　乙酸乙烯酯溶液聚合及聚合物的醇解反应 / 051
　　项目八　酚醛树脂的制备 / 053
　　项目九　脲醛树脂胶黏剂的制备 / 055
　　项目十　聚乙烯醇缩甲醛的制备 / 058
　　项目十一　尼龙-66 的制备 / 059
　　项目十二　低分子量环氧树脂的制备 / 062
　　项目十三　高强耐水 PVA/淀粉木材胶黏剂的制备 / 066
　　项目十四　软质聚氨酯泡沫塑料的制备 / 067
　　项目十五　苯乙烯的阳离子聚合 / 069
　　项目十六　阴离子活性聚合——SBS 嵌段共聚物的制备 / 070
第二节　高分子合成工艺实训 / 073
　　项目十七　聚对苯二甲酸乙二醇酯（PET）聚合工艺 / 073
　　项目十八　尼龙-66 聚合工艺 / 081
　　项目十九　C_5 石油树脂聚合工艺 / 084

第五章　高分子分析与性能测试　089

　　项目二十　红外光谱法鉴定聚合物 / 089
　　项目二十一　热重分析法分析高分子材料组成 / 092

项目二十二　热塑性塑料差热分析 / 093
项目二十三　热塑性塑料熔体流动速率的测定 / 095
项目二十四　高分子材料拉伸性能测试 / 097
项目二十五　高分子材料冲击性能的测定 / 099

参考文献　103

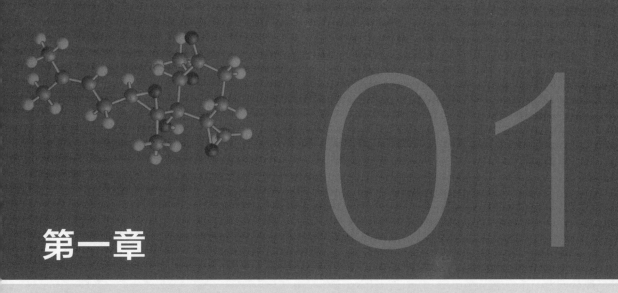

第一章

高分子合成实训室安全与防护

学习目标

安全是实践教学的重要组成,通过本章学习掌握高分子合成实训室安全规则、安全预防措施、紧急事故处理方法等,以确保高分子合成实训安全开展;掌握高分子合成中所用单体、引发剂、溶剂及其他化学试剂的正确使用方法;掌握一些危险药品的储存和处理方法,以及废弃物的处理方式等。

许多聚合物尽管无毒,但是合成这些聚合物所用到的单体、引发剂、溶剂等都是有毒的,以及这些聚合物的分解产物常常是有毒的。高分子合成所用有机溶剂是脂溶性的,对皮肤和黏膜有强烈的刺激作用,例如苯沉积在体内会对造血系统和中枢系统造成严重损害,甲醇可损害视神经,苯酚灼烧皮肤后可引起皮炎或皮肤坏死等。另外,在高分子合成实训中经常使用易燃易爆试剂,在使用和处理时要特别小心。因此,实训室要防止事故的发生,必须严格遵守安全规则,实验前要了解所有试剂的性能、毒性及注意事项,操作过程中要严格遵守实验章程,确保实验工作顺利安全开展。

第一节 高分子合成实训室安全规则

① 准时上课,提前预习实训课内容并做好实训前准备。做好实训室安全工作,确保实训工作的顺利开展。

② 安全工作,人人有责。实训室管理员或实训指导教师、参加高分子实训的学生,必须牢固树立"安全第一"的思想,严格遵守实训室管理制度和实验操作流程,防止任何安全事故的发生。

③ 学生在实训室里要穿实训服,不要做未经实训指导教师许可的实验,严格按照教师

的指导操作。

④ 实训室内的一切电源、火源要有专人负责管理,定期进行安全检查,发现隐患及时处理。

⑤ 实训室内存放的一切易燃、易爆物品,都要在单独的储藏室隔离,与火源、电源保持一定距离。

⑥ 使用和储存易燃、易爆物品(氢气、氮气、氧气等)的实训室,严禁烟火。不准在实训室内吸烟或动用明火,实训室必须按要求配备消防器材,并且消防器材要放置在明显的、便于取用的位置,指定专人管理。

⑦ 实训室内严禁存放个人物品。

⑧ 实训仪器设备必须由专人管理,使用实训仪器设备必须经实训指导教师或实训室管理员同意。

⑨ 实训结束后,实训指导教师应要求和督促学生关闭所使用的仪器设备,切断电源、气源和水源,清理和归还各种试剂及化学药品。

⑩ 参加实训的学生离开实训室后,实训指导教师应和实训室管理员一起对实训室内的仪器设备、电、气、水等情况进行检查,检查完毕关好实训室门窗。

第二节　高分子合成实训室安全预防

圆满地完成高分子合成实训的项目,不仅意味着顺利获得预期产物并对其结构进行了充分的表征,更重要的是要避免安全事故的发生。在高分子合成实训中,经常会使用易燃溶剂如苯、丙酮、乙醇和烷烃,易燃和易爆的试剂如碱金属、金属有机化合物和过氧化物,有毒的试剂如硝基苯、甲醇和多卤代烃,有腐蚀性的试剂如浓硫酸、浓硝酸及溴等。化学试剂如果使用不当,就可能引发起火、爆炸、中毒和烧伤等事故。玻璃仪器和电器设备使用不当也会引发事故。高分子合成实训中常常遇到许多易燃有机溶剂或其他试剂,操作不当就可能引发火灾。实训室出现火情的常见原因如下。

① 使用明火(如电炉)直接加热有机溶剂进行重结晶或溶液浓缩操作,而且不使用冷凝装置,导致溶剂溅出和大量挥发。

② 在使用挥发性易燃溶剂时,实验同伴正在使用明火。

③ 随意抛弃易燃、易氧化化学品,如将回流干燥溶剂的钠连同残余溶剂一起倒入水池。

④ 电器质量存在问题,长时间通电使用引起过热着火。

下面介绍高分子合成实训中几类常见安全事故和处理方法。

① 实训室中使用的有机溶剂(特别是低沸点溶剂),大多数是易燃的,在室温时即具有较大的蒸气压。空气中混杂易燃溶剂的蒸气压达到某一极限时,遇明火即发生燃烧爆炸。防火的基本原则是使火源与溶剂尽可能远离,切勿将易燃溶剂倒入废物缸中,更不能用敞口容器盛放易燃溶剂。

② 为防止液体突然暴沸,在蒸馏前必须加入沸石。若加热后发现未放沸石,不能向正在加热的液体中投加沸石,必须先停止加热,待冷却后才可补加沸石(在用活性炭脱色时也要注意,活性炭也相当于沸石)。否则,液体易冲出瓶外,引起燃烧。

③ 减压蒸馏时,从瓶口插入一根很细的毛细管,其末端一直深入瓶底的液面之下,以代替沸石,同时控制气流进入的大小。接收器要用圆底烧瓶或梨形烧瓶,不能用平底烧瓶或锥形瓶,否则会发生爆裂。

④ 在使用水银温度计时，如发生温度计破损，应将遗漏在容器中的水银倒入专用储瓶中，用水封好；遗漏在地上的、无法收集的水银，用硫黄粉覆盖。破损水银温度计中的水银，绝不能倒入下水道，否则会污染水源，造成环境污染。

⑤ 不要用火焰直接加热烧瓶，要用水浴、油浴或垫上石棉网来加热。回流或蒸馏时冷凝管中的冷凝水要始终保持畅流，警惕有时自来水的突然停止。用毕后，必须切断自来水，并放净冷凝管中的水。

⑥ 使用乙醚或易燃、易爆气体（如氢气、氯乙烯等），要保持室内空气畅通，并应防止一切火星的发生，要绝对避免火种。

⑦ 进行封管聚合时，由于管内压力很大，极易引起爆炸。因此，封管应用硬质厚壁玻璃制成。封管操作时，必须严格按照操作规程进行，开启封管时（需用布包裹）必须先冷却，再烧通封管的尖端，使管内余气逸出，达到内外压力平衡。开启封管时管口要朝向无人处，以免液体喷溅造成人员受伤。

⑧ 当试剂瓶的瓶塞不易开启时，必须注意瓶内物质的性质，切不可贸然用火加热或乱敲瓶塞等。

⑨ 纯净的高分子单体，在光照及受热的情况下，会进行聚合并放出大量热，导致容器爆炸。因此，单体存放时需加入适量阻聚剂，且要存放于低温、阴暗处。

⑩ AIBN、BPO等引发剂受热或振荡会引起分解、爆炸，需放在低温、阴暗处保存。氧化剂（如氯酸钾、过氧化物、浓硝酸等）遇有机物时会发生爆炸或燃烧，应将氧化剂和有机物分开存放。各种试剂的标签要随时检查，防止其脱落。

⑪ 在接触固态和液态的毒物时，必须戴橡胶手套，操作完毕应立即洗手，切勿让毒物沾及五官和伤口。

⑫ 在反应过程中可能放出有毒或有腐蚀性蒸气和气体的实验，应在通风橱内进行，操作时不要把头伸入通风橱内，使用后的器皿应及时清洗。

⑬ 使用电器时，不能与导电部分直接接触，湿手不能接触电线和开关，操作要单手进行。装置和设备的金属外壳都应连接地线。实验完毕后应将电子仪器的指针、刻度恢复到零点，关掉开关，拔去电源插头，以切断电源。

⑭ 要正确选择电子仪器或电线的耐压和耐流值（功率），以免被击穿或烧毁。

因此，高分子合成中应尽可能使用水浴、油浴或加热套进行加热操作，避免使用明火；长时间加热溶剂时，应使用冷凝装置；浓缩有机溶液，不得在敞口容器中进行；使用旋转蒸发仪等装置，应避免溶剂挥发并四处扩散；必须使用明火时（如进行封管和玻璃加工），应使明火远离易燃有机溶剂和药品；按常规处理废弃溶剂和药品，经常检查电器是否正常工作，及时更换和修理；要熟悉安全用具（灭火器、石棉布、沙箱等）的放置地点和使用方法，并妥善保管，不要挪作他用。同时需要严格遵守实训室安全规则，养成良好的实验习惯，在从事不熟悉和危险的实验时更应该小心谨慎，防止因操作不当而造成实验事故。

第三节　高分子合成实训意外事故的紧急处理

一、火灾

假如发生了火灾，要保持冷静，不要慌张，应立即切断附近的所有电源，同时移开附近的易燃物质。若锥形瓶内溶剂着火，可用石棉布、湿布或黄沙盖熄。若衣服着火，不要奔跑，应用厚的外衣包裹使其熄灭；若火势较大，则应使用灭火器材。若火势严重，应立即拨打火警电话。

二、外伤

除玻璃仪器破裂会造成意外伤害外，将玻璃棒（管）或温度计插入橡胶塞或将橡胶管套入冷凝管或三通时也易引起玻璃管的断裂，造成事故。因此，在进行操作时，应检查橡胶塞和橡胶管的孔径是否合适，并将玻璃切口熔光，涂少许润滑剂后再缓缓旋转而入，切勿用力过猛。如果造成机械伤害，应取出伤口中的玻璃或固体物，用水洗涤后涂上药水，再用绷带扎住伤口或贴上创可贴。大伤口则应先按住主血管以防大量出血，稍加处理后立即去医院诊治。

三、试剂灼伤

酸：若被酸灼伤，应立即用大量水洗，接着用3%～5%碳酸氢钠（小苏打）溶液冲洗，再用水洗；严重时要消毒，弄干后涂烫伤油膏。

碱：若被碱灼伤，应立即用大量水洗，接着用2%乙酸溶液冲洗，再用水洗；严重时要消毒，干后涂烫伤油膏。

苯酚：苯酚可腐蚀皮肤和黏膜，严重者会导致坏疽。手上沾到苯酚时应立即用大量水冲洗，再用乙醇或三氯化铁的乙醇溶液洗涤；眼部受到灼伤时应立即用大量清水或生理盐水冲洗（一般不少于10min）。

四、中毒

过多吸入常规有机溶剂会使人产生诸多不适，有些毒害性物质如苯胺、硝基苯和苯酚等可以很快通过皮肤和呼吸道被人体吸收，造成伤害。在不经意时，手会沾上有毒害性物质，经口腔而进入人体，对人体造成伤害。因此，在使用有毒试剂时，应认真操作，妥善保管；实验残留物不得乱扔，必须做到有效处理。在接触有毒和腐蚀性试剂时，必须戴橡胶等材质的防护手套，操作完毕后立即洗手，切勿让有毒试剂沾及五官和伤口。进行会产生有毒气体和腐蚀性气体的实训时，应在通风橱中操作，并尽可能在排放到大气之前做适当处理，使用过的器具应及时清洗；在实训室内不得饮食和喝水，养成工作完毕离开实训室之前洗手的习惯。若皮肤溅上有毒害性物质，应根据其性质，采取适当方法进行清洗。

第四节　危险药品的使用与保管

根据危险性质的不同，危险化学药品可大略分为易燃、易爆和有毒三类。其中易燃化学药品可分为以下几类。

易燃气体：氨气、乙胺、氯乙烷、乙烯、煤气、氢气、硫化氢、甲烷、氯甲烷、氧气、二氧化硫等。

易燃液体：汽油、乙醚、乙醛、二硫化碳、石油醚、苯、醇、丙酮、甲苯、二甲苯、苯胺、乙酸乙酯、氯苯、氯甲醛等。

易燃固体：红磷、三硫化二磷、萘、镁、铝粉等。

自燃物质：黄磷等。

大部分有机溶剂都是易燃物质，使用或保管不当就极容易造成燃烧事故，甚至造成人身事故或火灾。因此，在使用有机溶剂时必须特别注意以下几点。

① 实训室内不要保存大量易燃溶剂。少量的易燃溶剂也须密封，切不可放在敞口容器内，同时须放在阴凉处，并远离火源，不能靠近电源及暖气等。

② 可燃性溶剂均不能直接加热，必须用水浴、油浴或可调节电压的电热套加热。蒸馏乙醚或二硫化碳时，更应特别注意，最好用预先加热的或用水蒸气加热的水浴，必须远离火源。

③ 蒸馏、回流易燃液体时，防止暴沸及局部过热，瓶内液体不得超过其容量的2/3，加热中途不得加入沸石或活性炭，以免易燃液体暴沸溅出而引起着火。

④ 注意冷凝管中水流是否流畅、干燥管是否阻塞不通、仪器连接处塞子是否紧密，以免蒸气逸出而引起着火。

⑤ 易燃蒸气大都比空气重（如乙醚的密度是空气的2.6倍），能在工作台面上流动，故在较远处的火焰亦能使其着火，尤其处理较大量的乙醚时，必须在没有火源且通风的实训室中进行。

⑥ 用过的溶剂不得倒入下水道，必须设法回收。含有有机溶剂的滤渣不能倒入敞口的废物缸内，特别是燃着的火源切不能丢入废物缸内。

⑦ 金属钠、钾遇水易起火，故须保存在煤油或液体石蜡中，切不能露置于空气中。如遇着火，可用沙或石棉布扑灭，不能用四氯化碳灭火器，因其与钠、钾易起爆炸反应。二氧化碳泡沫灭火器能加强钠、钾的火势，亦不能用。

⑧ 某些易燃物质（如黄磷）在空气中能自燃，必须保存在盛水玻璃瓶中，再放在金属筒中，不得直接放在金属筒中，以免腐蚀金属筒。自水中取出后，立即使用，不得露置于空气中过久。用后必须采取适当方法销毁残余部分并仔细检查有无散失在桌上或地面上。

第五节　废弃物的处理

高分子合成实训产生的化学废弃物大多数是有毒有害物质，有些还是剧毒或致癌、致畸物质，如果处理不当，将污染实训室的内外环境，危害人们的身体健康，并有可能造成严重后果。实训室产生的化学废弃物一般数量少、种类多，应视特性进行分类收集、存放，集中处理。

一、废气的处理

对少量的有毒气体可以通过通风橱直接排至室外，对大量的有毒气体则需通过吸收液吸收进行收集。实训室废气处理一般分物理方法和化学方法。

1. 物理方法

吸附法：在残留有废气的容器中放入适量活性炭或新制取的木炭粉等，振荡或久置即可，如 Cl_2、NO_2 的处理。

溶解法：如 HCl 等废气可用水来吸收，苯、甲苯等可用酒精来吸收，溴蒸气可用四氯化碳来吸收等。

回流法：此法适用于易液化的气体，如制取溴苯，要在装置上连接一根长玻璃管，使挥发的气体在空气的冷却下液化为液体，沿长玻璃管内壁回流到反应装置中。

2. 化学方法

燃烧法：如尾气处理就可用此法。

沉淀法：如 H_2S 气体通入饱和的 $CuSO_4$ 溶液中，使其转化为 CuS 沉淀。

碱液法：所有的酸性废气（如 CO_2、Cl_2、HF、HCl、H_2S、SO_2、NO_2 等）都可采用这种方法。碱液法一般有直接通入法（即将实验废气直接通入碱液）、直接倒入法（即向集气瓶中直接倒入浓碱液）和烧杯倒扣法（即在另一只较大烧杯内壁涂上饱和碱液，倒扣在实验中的小烧杯上）。

二、固体废弃物的处理

① 一般的固体废弃物倒入专门的固体回收器存放，实验用过的滤纸、纱布和称量纸等放入固体废弃物存放器中，如果过滤的是有毒物质则要放入有害固体回收器中。

② 含金属钠的废物应倒入专门的容器中，用适量的乙醇分解完全，在通风橱中放置1h，然后放在专门盛有机溶剂的容器中。

③ 银盐、铅盐和汞盐存放在专门盛危险品的容器中。处理 Ag 及 Ag_2O 先用 5% HNO_3 酸化，再用 Na_2CO_3 中和，加饱和 NaCl 溶液使 AgCl 沉淀析出，抽滤后，回收在无毒固体专用容器中，滤液回收在盛水容器中。

④ 废弃物中如果混有亚硝胺，则要将其滤除，储存于有害固体回收器中。

⑤ 处理重铬酸钠时，先向滤液中加入 10% H_2SO_4，直到 pH 值为 1，慢慢加入固体硫代硫酸钠直到溶液呈暗蓝色，用 10% Na_2CO_3 中和溶液，过滤后收集氢氧化铬固体放在有毒废物容器中。

三、液体废弃物的处理

① 一般的有机废液倒入专门盛放有机溶剂的回收器中。有机、无机混合溶液要先进行分离，有机层倒入有机溶剂回收器中，无机层经酸或碱中和后，再倒入废液回收器中。

② 酸性废液用 10% NaOH 溶液或 Na_2CO_3 小心中和，倒入盛水溶液的容器中，浓酸要先倒入少量水稀释，再用碱中和后倒入废液回收器中。

③ 碱性废液用 10% HCl 中和后倒入废液回收器中。

④ 含铬废液在酸性条件下加入硫酸亚铁，将 Cr^{6+} 还原为 Cr^{3+}，然后加入消石灰，调节废液 pH 值，生成低毒的 $Cr(OH)_3$ 沉淀，排放分离沉淀后的清液，固体放入有毒废物容器中。铬酸洗液在多次使用颜色变绿后，可在 110~130℃下浓缩冷却，然后用高锰酸钾粉末将 Cr^{3+} 氧化，至溶液呈深褐色或微紫色后，用砂芯漏斗滤去二氧化锰沉淀，即可重新再用。

⑤ 氰含量低的废液，加入氢氧化钠使其呈碱性，再加入硫酸亚铁溶液，使氰化物转化成无毒的铁氰配合物沉淀；氰含量高的废液，在碱性介质中加入次氯酸钠也可使 CN^- 氧化分解生成产物（CNO^-），再加大次氯酸钠的用量，使其进一步分解为 CO_2 和 N_2。

⑥ 含砷废液中加入消石灰，调节 pH 值在 9 左右，使砷生成砷酸钙或亚砷酸钙，然后再加入 $FeCl_3$，生成 $Fe(OH)_3$ 起共沉淀作用，可除去悬浮在溶液中的砷。

⑦ 汞是液态金属，溅落在地上会形成小汞珠，应立即用吸管、毛笔将汞收集于瓶中，用水覆盖。散落过汞的地面应洒上硫黄粉，将散落的汞覆盖一段时间，使其生成硫化汞，再设法扫净。含汞的废液可先调节 pH 值到 8~9，然后加入过量的硫化钠，使其生成硫化汞沉淀，加入硫酸亚铁作为共沉淀剂，排放清液，残渣可用混凝剂固化处理后，再回收汞或送固废处理单位统一处置。

⑧ 对含铅废液，用石灰调节 pH 值到 8~10，使铅、镉离子生成氢氧化铅或氢氧化镉沉

淀。加入硫酸亚铁作为共沉淀剂，使沉淀完全。

⑨ 乙醚倒入专门的有机溶剂回收器中，注意避免光照和高温。

⑩ 有机卤代物要放入专用的有机卤代物回收器，避免与其他有机溶剂混放。

⑪ 伯胺或仲胺用水稀释后倒入废液回收器中，叔胺用10% NaOH调至碱性，经石油醚萃取后，有机层倒入有机溶剂回收器中，水层倒入无机废液回收器中。

⑫ 苯、甲苯和苯肼等有毒溶剂要存放在专用的芳香有毒物品存放器中。

⑬ 异氰酸苯酯用过量的5.25%次氯酸钠处理，再用10mL水稀释后，存储在盛水溶液的容器中。

⑭ 含碘甲烷（致癌物质）的废液回收在盛放有毒物品的容器中。

⑮ 肼是致癌物质，处理肼先用水稀释，再用Na_2CO_3中和，再加入5.25%次氯酸钠，在50℃水浴中加热1h，使肼氧化，再用水稀释，放入盛水的容器中。

⑯ 处理含甲醇、乙醇、乙酸之类的可溶性溶剂时，由于这些溶剂能被细菌作用而分解，用大量水稀释后即可排放。

⑰ 低浓度的含酚废液可加入次氯酸钠或漂白粉，使酚氧化成邻苯二酚、邻苯二醌等，然后将此废液作为一般有机废液处理；高浓度的含酚废液可用乙酸丁酯萃取，再用少量氢氧化钠溶液反萃取。经调节pH值后，进行重蒸馏回收，即可使用。

⑱ 烃及含氧衍生物可采用活性炭吸附，或用废纸、木屑吸收后焚烧生成水和二氧化碳除去。醇、醛、酚等可用高锰酸钾氧化。在丙酮、乙醇等溶剂中，用铁盐作催化剂，升温至50℃，H_2O_2能氧化硫醇、硫醚和二硫化物。

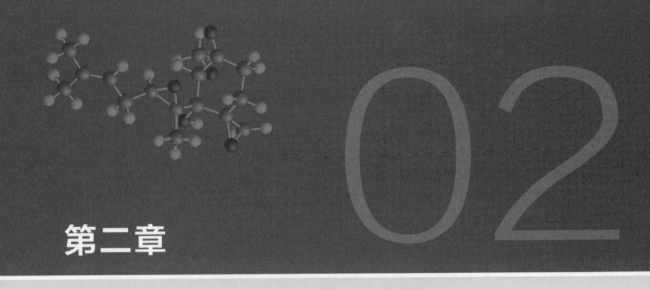

第二章

高分子合成实训理论基础

学习目标　通过高分子合成实训更加牢固掌握高分子基础理论，掌握自由基聚合、缩聚反应等高分子合成反应机理、特征、影响因素等；掌握本体聚合、溶液聚合、悬浮聚合、乳液聚合等聚合物工业实施方法机理、特征、体系组成、影响因素等基本知识。

掌握高分子合成技能，不仅要熟悉高分子合成的设备和操作规范，掌握单体提纯、高分子合成机理、聚合工艺、操作流程、分离干燥等操作方法，更重要的是要牢固掌握高分子合成的理论知识，这是完成高分子合成实训的有效途径，因此，本章在高分子化学理论上简明扼要地总结了一些基本知识点。

第一节　高分子聚合反应机理

由低分子单体合成聚合物的反应过程称为聚合反应。按聚合机理，可将聚合反应分为连锁聚合和逐步聚合两大类。属于连锁聚合的有自由基聚合、离子聚合、配位聚合等，而属于逐步聚合的则有缩聚、逐步加成聚合等反应。

一、自由基聚合

大多数的烯类单体进行自由基聚合。自由基聚合中，单体分子转变成大分子的微观历程包括链引发、链增长、链转移和链终止等基元反应。链引发反应是形成单体自由基（活性种）的反应，可以采用引发剂、热、光、辐射、等离子体、微波等引发产生单体自由基活性种，链增长反应是单体自由基活性种与单体加成，形成新自由基，新自由基的活性并不衰减,继续与烯类单体连锁加成,形成结构单元更多的链自由基的过程。链终止反应是由于自由基活性高,难孤立存在,易相互作用而终止形成大分子的反应。链转移是链自由基从单体、引发剂、溶剂或大分子上夺取一个原子而终止,形成大分子的过程。传统的自由基聚合机理特征为慢引发、快增长、速终止。

传统的自由基聚合是制备聚合物的重要方法,可聚合的单体多,可以由一种单体进行聚合,也可以由多种单体进行共聚,聚合条件温和,可以用本体聚合、溶液聚合、悬浮聚合和乳液聚合的方法。一般60%~70%聚合物是由自由基聚合反应生产。重要聚合物品种有高压聚乙烯、聚苯乙烯、聚氯乙烯、聚四氟乙烯、聚乙酸乙烯酯、聚丙烯酸酯类、聚丙烯腈、丁苯橡胶、氯丁橡胶、ABS树脂等。

传统的自由基聚合的聚合物的微结构、聚合度和多分散性无法控制。目前已发展的可控"活性"自由基聚合可以进行分子设计、控制聚合度及分子量分布,可合成无规、嵌段、接枝、星形和梯度共聚物,无规和超支化共聚物,端基功能聚合物等多种类型(共)聚合物。

二、离子聚合

离子聚合是由离子活性种引发的聚合反应。根据离子电荷性质的不同,又可分为阴离子聚合和阳离子聚合。离子聚合属于连锁聚合反应,与自由基聚合有些差异。

阴离子聚合中活性中心为阴离子。其聚合特点为快引发、慢增长、无终止和无转移,具有活性聚合的特征,聚合物的分子量分布较窄,其端基、组成、结构和分子量都可以控制。一些重要的聚合物如顺丁橡胶、异戊橡胶、苯乙烯-丁二烯-苯乙烯(SBS)嵌段共聚物等由阴离子聚合来合成,此外还可以制备带有特殊官能团的遥爪聚合物如端羟基聚丁二烯。

阳离子聚合的研究工作和工业应用有悠久的历史。可供阳离子聚合的单体种类颇少,主要是异丁烯。引发剂种类很多,从质子酸到Lewis酸。可用的溶剂有限,一般选用卤代烃,如氯甲烷。主要聚合物商品有聚异丁烯、丁基橡胶、聚甲醛等。

三、配位聚合

配位聚合反应是烯烃单体的碳碳双键与引发剂活性中心的过渡元素原子的空轨道配位,然后发生位移使单体分子插入到金属与碳之间进行链增长的一类聚合反应。如果活性链按阴离子机理增长就称为配位阴离子聚合,如果活性链按阳离子机理增长就称为配位阳离子聚合,重要的配位催化剂按阴离子机理进行。

Ziegler-Natta引发剂是配位聚合中最常用的一类催化剂。它可使难以进行自由基聚合或离子聚合的烯类单体聚合,并形成立构规整聚合物,赋予特殊的性能,如高密度聚乙烯、线型低密度聚乙烯、等规聚丙烯、间规聚苯乙烯、等规聚4-甲基-1-戊烯等合成树脂和塑料,以及顺-1,4-聚丁二烯、顺-1,4-聚异戊二烯、乙丙共聚物等合成橡胶。

四、开环聚合

环状单体开环而后聚合成线型聚合物的反应称开环聚合,主要单体有环醚、环缩醛、环酯(内酯)、环酰胺(内酰胺)、环硅氧烷等。

开环聚合具有某些加成聚合的特征。环状单体开环聚合得到的聚合物,其重复单元与环状单体开环时的结构相同,聚合物与单体的元素组成相同,这与加聚反应相似;同时也具有某些缩聚反应的特征,聚合物主链上往往含有醚键、酯键、酰胺键等,与缩聚反应得到的聚合物常具有相同的结构,只是无小分子放出。在聚合过程中,聚合物的平均分子量随聚合的进行而增大,与缩聚物相似。

开环聚合与缩聚反应相比,还具有聚合条件温和、保持官能团等物质的量相等的特点,因此开环聚合所得聚合物的平均分子量通常要比缩聚物高得多。此外,开环聚合可供选择的单体比缩聚反应少,加上有些环状单体合成困难,因此由开环聚合所得到的聚合物品种受到限制,工业上已经生产的有聚己内酰胺、聚氧化乙烯、聚甲醛等。

五、逐步聚合

逐步聚合通常是由单体所带两种不同官能团之间发生化学反应而进行的。与连锁聚合相比,逐步聚合的一般特征为:逐步聚合每一步的反应速率和活化能大致相同,反应体系始终由单体和分子量递增的一系列中间产物组成,单体和中间产物以及任何中间产物两分子间都能发生反应,聚合产物的分子量是逐步增大的。逐步聚合可以分为缩聚反应和逐步加成聚合反应两大类。

1. 缩聚反应

缩聚是单体中基团间的反应,属于逐步聚合。缩聚在高分子合成中占有重要地位,聚酯、聚酰胺(尼龙)、酚醛树脂、环氧树脂、醇酸树脂等杂链聚合物多由缩聚反应合成。聚碳酸酯、聚酰亚胺、聚苯硫醚等工程塑料,聚硅氧烷、聚苯并咪唑类等耐热聚合物也是由缩聚反应合成的。

2. 逐步加成聚合反应

单体分子通过反复加成,使分子间形成共价键,逐步生成高分子量聚合物的过程称为逐步加成聚合反应,其聚合物形成的同时没有小分子的析出,如聚氨酯的合成。逐步加成聚合反应的所有中间产物分子两端都带有可以继续进行缩合反应的官能团,而且都是相对稳定的。当某种单体所含有官能团的物质的量多于另一种单体时,聚合反应就无法再进行下去。合成聚氨酯的加成聚合反应是典型的非缩聚的逐步聚合反应。

其他还有制聚砜的芳核取代、制聚苯醚的氧化偶合、己内酰胺经水催化合成尼龙-6的开环聚合、制梯形聚合物的 Diels-Alder 加成反应等,也都属于逐步聚合。这些聚合反应产物多数是杂链聚合物,与缩聚物相似。

六、共聚合

在合成聚合物反应中,两个或更多个单体的共聚是改变工业聚合物性能的一种有效途径。目前很多高聚物是通过共聚反应完成的。例如丁苯橡胶、丁腈橡胶、乙丙橡胶等。因此把由两种或两种以上不同单体进行加成聚合的反应称为共聚合反应。"共聚合"这一名称多用于连锁聚合。在逐步聚合中,如尼龙-66和涤纶树脂的合成,虽采用两种原料,形成的聚合物也有两种单元结构,但不能采用"共聚合"一词。

共聚物的类型按照其组成单体数分为二元共聚物、三元共聚物和多元共聚物。对于二元共聚物,按照两种结构单元在大分子链上排列方式不同可以分为无规共聚物、交替共聚物、嵌段共聚物、接枝共聚物。

通过对共聚合反应的研究,可以测定单体、自由基、碳正离子、碳负离子的相对活性,进而研究单体结构与反应活性的关系,这在理论研究上有重要意义;通过共聚合反应,可以使有限的单体通过不同的组合得到多种多样的聚合物,满足人们的各种

第二章 高分子合成实训理论基础

需要。

第二节 聚合实施方法及应用

聚合方法是为完成聚合反应而确立的，聚合机理不同，所采用的聚合方法也不同。对于聚合物的合成，首先要研究其反应机理及反应条件，如引发剂、溶剂、温度、压力、反应时间等；其次是确定合成聚合物的聚合方法及原料的精制、产物分离及后处理工序等。聚合方法的研究与聚合反应工程密切相关，与聚合反应机理亦有很大关联。

一、连锁聚合的实施方法

连锁聚合采用的聚合方法主要有本体聚合、悬浮聚合、溶液聚合和乳液聚合。每一种方法各有优缺点，究竟采用何种聚合方法，是由单体性质、聚合物用途以及经济因素决定的。对于自由基聚合反应，由于自由基相对稳定，这四种聚合方法都可以采用。但对于离子型聚合反应，由于聚合催化剂对水极为敏感，不能采用以水为介质的悬浮聚合和乳液聚合，离子型聚合大多采用溶液聚合或本体聚合。

1. 本体聚合

本体聚合是指不加其他介质，单体在引发剂、催化剂或热、光、辐射等其他引发方法作用下进行的聚合。本体聚合体系主要由单体和引发剂或催化剂组成。对于热引发、光引发或高能辐射引发的聚合反应，则体系仅由单体组成。引发剂或催化剂的选用除了从聚合反应本身考虑外，还要求与单体有良好的相溶性。由于多数单体是油溶性的，因此多选用油溶性引发剂。如自由基本体聚合可选用 BPO、AIBN 等。

本体聚合按聚合物能否溶解于单体中，可分为两类：均相聚合和非均相聚合。均相聚合是指生成的聚合物可溶解于各自的单体中，如聚苯乙烯、聚甲基丙烯酸甲酯、聚乙酸乙烯酯等聚合物的生产；非均相聚合又叫沉淀聚合，是指生成的聚合物不溶解于它们的单体，在聚合过程会不断析出，如聚乙烯、聚氯乙烯、聚偏氯乙烯、聚丙烯腈的生产。

本体聚合的优点是体系组成简单，所得聚合产物纯净，可制得透明产品，并可直接制得板状、管状、棒状或其他形状不太复杂的制品。本体聚合由于不需要产物与介质分离及介质回收等后续处理工艺操作，因而聚合装置及工艺流程相应也比其他聚合方法要简单，生产成本低。各种聚合反应几乎都可以采用本体聚合，如自由基聚合、离子型聚合、配位聚合等。缩聚反应也可采用本体聚合，如固相缩聚、熔融缩聚。气态、液态和固态单体均可进行本体聚合，其中液态单体的本体聚合最为重要。

本体聚合的缺点往往是由于不加溶剂或分散介质，使聚合体系很黏稠，产生的聚合热不易扩散，反应温度较难控制，易局部过热，反应不均匀，造成聚合物分子量分布较宽，体积收缩较大，聚合过程中自动加速现象明显。在本体聚合中，经常由于工艺控制不当，产品出现气泡、皱纹、裂纹和爆聚等现象。因此控制聚合热和及时散热是本体聚合中一个重要的、必须解决的工艺问题。由于这一缺点本体聚合的工业应用受到一定的限制，不如悬浮聚合和乳液聚合应用广泛。

2. 溶液聚合

溶液聚合是指单体和引发剂或催化剂溶于适当的溶剂中进行的聚合反应。溶液聚合体系主要由单体、引发剂或催化剂和溶剂组成。引发剂或催化剂的选择与本体聚合要求相同。

由于体系中有溶剂存在，因此要同时考虑在单体和溶剂中的溶解性。生成的聚合物能溶于溶剂的叫均相溶液聚合，聚合物不溶于溶剂而析出者，称非均相聚合或沉淀聚合。

与本体聚合相比，溶液聚合的优点是：有溶剂作为传热介质，聚合温度容易控制，聚合体系黏度较低，自动加速作用不明显；体系中聚合物浓度低，向大分子链转移发生支化或交联较少，因而产物分子量易控制，分子量分布较窄，反应后原料可以直接使用。

溶液聚合的缺点是由于溶剂的加入降低了单体及引发剂的浓度，致使溶液聚合的反应速率比本体聚合要慢，降低了反应装置的利用率，加入溶剂后容易引起诸如诱导分解、链转移之类的副反应，致使聚合物分子量不高，同时溶剂的回收、精制增加了设备及成本，并加大了工艺控制难度。工业上溶液聚合适合于聚合物溶液直接使用的场合，如涂料、黏合剂、浸渍剂、合成纤维纺丝液等。

3. 悬浮聚合

悬浮聚合是指溶解有引发剂的单体以小液滴状悬浮在分散介质水中的聚合反应，体系主要由单体、引发剂、分散剂和分散介质组成。

悬浮聚合的大多数单体不溶于水，必须借机械搅拌作用，将水中单体分散成小液滴。单体中溶有引发剂（油溶性引发剂），一个小液滴就相当于本体聚合的一个单元，因此，悬浮聚合相当于是在单体小液滴内进行的本体聚合。分散介质为水，为避免副反应一般用去离子水。悬浮聚合分散剂分为水溶性有机高分子和非水溶性的无机化合物两类，水溶性有机高分子有聚乙烯醇、聚丙烯酸和聚甲基丙烯酸的盐类，苯乙烯与马来酸酐共聚物，甲基纤维素，明胶等。水溶性有机高分子为两亲性结构，亲油的大分子链吸附于单体液滴表面，分子链上的亲水基团靠向水相，这样在单体液滴表面形成了一层保护膜，起着保护液滴的作用。非水溶性无机粉末主要是吸附于液滴表面，起一种机械隔离作用，例如碳酸钙、碳酸钡、磷酸钙、滑石粉、硅藻土、硅酸盐等。分散剂种类和用量的确定随聚合物的种类和颗粒要求而定。

悬浮聚合的优点是：体系黏度低，散热和温度控制比较容易；产物分子量高于溶液聚合而与本体聚合接近，且分子量分布较本体聚合窄；聚合物纯度高于溶液聚合而稍低于本体聚合，杂质含量比乳液聚合产品中的少；后处理工序比溶液聚合、乳液聚合简单，生产成本较低，粒状树脂可以直接用来加工。

悬浮聚合的缺点是必须使用分散剂，且在聚合完成后，分散剂很难从聚合产物中除去，会影响聚合产物的性能。综合来看，悬浮聚合结合了本体聚合和溶液聚合的优点，缺点较少，因此，在工业上得到广泛应用。悬浮聚合工业生产实例见表2-1。

表2-1 悬浮聚合工业生产实例

单体	引发剂	悬浮剂	分散介质	产物用途
氯乙烯	过碳酸酯-过氧化二月桂酰	羟丙基纤维素-部分水解PVA	去离子水	各种型材、电绝缘材料、薄膜
苯乙烯	BPO	PVA	去离子水	珠状产品
甲基丙烯酸甲酯	BPO	碱式碳酸镁	去离子水	珠状产品
丙烯酸酯	过碳酸钾	司盘-60	庚烷	水处理剂

4. 乳液聚合

乳液聚合是指单体在搅拌作用下借助乳化剂的作用，在水中分散成乳状液而进行的聚合反应。乳液聚合体系主要由单体、引发剂、乳化剂和分散介质组成，在乳液聚合中，单体为油溶性单体，一般不溶于水或微溶于水。引发剂为水溶性引发剂，对于氧化还原引发体系，允许引发体系中某一组分为水溶性。分散介质为去离子水，以避免水中的各种杂质干扰引发剂和乳化剂的正常作用。乳化剂是乳液聚合必不可少的重要组分。乳化剂分子是由非极性的烃基和极性基团两部分组成。根据极性基团的性质可将乳化剂分为阴离子型、阳离子型、两性型和非离子型几类。

乳液聚合的优点是：以水为介质，体系的黏度低，有利于传热，温度易控制；采用水溶性的氧化还原引发体系，反应可在低温下进行；通过调节乳化剂用量和搅拌效率的方法，可得到聚合速率快而产物分子量又高的反应体系（此特点只有乳液聚合才具有）；反应后期体系的黏度还很低，适合制备黏性低的聚合物，如丁苯橡胶、丁腈橡胶、聚乙酸乙烯酯等；乳液聚合又适于制备直接应用乳液的场合，如涂料、黏合剂、浸渍剂等。

乳液聚合的缺点是：聚合体系及后处理工艺复杂，需要得到固体聚合物时，乳液需要经破乳、分离、洗涤、干燥等工序，生产成本较悬浮聚合高；产品中的乳化剂难以除尽，影响聚合物的电性能。乳液聚合工业生产实例见表2-2。

表 2-2 乳液聚合工业生产实例

聚合物	引发剂	乳化剂	分散介质	产物用途
聚氯乙烯	过硫酸铵-亚硫酸氢钠	十二醇硫酸钠	去离子水	广泛用于人造革、装饰材料、涂料、胶黏剂等诸多材料和制品领域
聚乙酸乙烯酯	过硫酸铵	PVA	去离子水	用于木工、纸张、皮革的黏结及建筑装饰用胶
丁苯橡胶	氧化还原引发体系	脂肪酸皂和歧化松香酸皂	去离子水	汽车轮胎及各种工业橡胶制品
氯丁橡胶	过硫酸钾	脂肪酸皂或烷基磺酸钠	去离子水	各种橡胶制品,可用于耐油胶管、胶带等

二、逐步聚合的实施方法

同一种缩聚物，可以从几种化学反应途径得到；同一个缩聚反应也可以用许多方法予以实现。逐步聚合采用的聚合方法主要有熔融缩聚、溶液缩聚、界面缩聚和固相缩聚。这几种方法在实际中都有广泛应用，在应用中可以根据实际情况的不同和聚合方法各自的特点，综合考虑各种因素，包括反应热力学及动力学参数、反应物配比控制以及对终产物的性能要求等，进行反应设计。

1. 熔融缩聚

所谓熔融缩聚是指反应温度高于单体和缩聚物的熔点，使物料处于熔融状态下进行的聚合反应。熔融缩聚为均相反应，符合缩聚反应的一般特点，也是应用十分广泛的聚合方法。熔融缩聚的反应特点是：反应温度高（200～300℃），高温下既有利于加快反应速率，又有利于反应生成的低分子副产物的排除。熔融缩聚要求单体和缩聚物的热稳定性好，凡在高温下容易分解的单体不能采用这种方法进行缩聚，反应一般在惰性气体保护下进行。由于反应温度高，在缩聚反应中经常发生各种副反应，如环化反应、裂解反应、氧化降解、脱羧反应等，通入惰性气体可防止聚合物的氧化降解，对于参加熔融缩聚反应的单体要求严格的摩尔比。对于混缩聚来说，任何一种组分的稍微过量都会使聚合物分子量下降。熔融缩聚反应是可逆平衡反应，在反应后期，常在高真空下进行，采用高真空度有利于排除低分子量产物，获得高分子量的缩聚产物。由于缩聚反应大多数为可逆平衡反应，逆反应的存在使熔融缩聚产物的分子量一般低于 30000。

由于熔融缩聚体系相对简单，反应中一般不会有其他的复杂过程，产物分离也比较容易，所以缩聚反应的一般规律也都是在熔融缩聚体系中建立起来的。而在工业中由于该法工艺相对简单，因此也得到广泛应用。熔融缩聚可采用间歇法，也可采用连续法。工业上常规大批量的聚酯、聚酰胺、聚氨酯等的生产都采用熔融缩聚的方法。

2. 溶液缩聚

单体加催化剂在适当溶剂（包括水）中进行的缩聚反应称为溶液缩聚。随着科学技术的发展，一些新型耐高温聚合物不断涌现，而这些聚合物的分解温度通常低于其熔点，所以不能采用熔融缩聚法，而需采用溶液缩聚法制取。

溶液缩聚的特点是：反应温度低，副反应少，一般反应温度为 40~100℃，有时在 0℃以下进行反应也可以获得分子量较高的缩聚产物，但由于反应温度低，需采用高活性单体；溶液缩聚是不平衡缩聚，没有平衡问题，不需要真空操作，反应设备简单；由于溶剂的引入，使设备利用率降低，由于溶剂的回收和处理，而使工艺过程复杂化，因此溶液缩聚的应用受到一定限制，不如熔融缩聚应用广泛。

溶液缩聚同溶液聚合一样，溶剂的选择至关重要，选择溶剂时需要考虑以下几方面因素：一是溶剂的极性，增加溶剂的极性有利于提高反应速率，增加产物的分子量；二是溶剂化作用，溶剂与反应物生成稳定的溶剂化产物，会使反应活化能升高，降低反应速率，如与离子型中间体形成稳定溶剂化产物，则可降低反应活化能，提高反应速率；三是副反应，溶剂的引入往往会产生一些副反应，在选择溶剂时要格外注意。

溶液缩聚在工业上应用规模仅次于熔融缩聚，许多性能优良的工程塑料都是采用溶液缩聚法合成的，如聚芳酰亚胺、聚砜、聚苯醚等。对于一些直接使用溶液的产物，如涂料等，也采用溶液缩聚。

3. 界面缩聚

界面缩聚是指在互不相溶、分别溶有两种单体的溶液的相界面进行的缩聚反应。一般情况下，这类反应的速率常数都相当高，为不可逆缩聚且属于非均相体系。界面缩聚从相态可分为液-液和气-液界面缩聚；从操作工艺可分为不进行搅拌的静态界面缩聚和进行搅拌的动态界面缩聚。

界面缩聚的特点：是不可逆缩聚，反应中生成的低分子量化合物溶于某一溶剂相或被溶剂相中某一物质吸收，所以反应速率快，可在几秒钟内完成，产物分子量高；为复相反应，需将两单体分别溶于互不相溶的溶剂中；反应温度低，由于只在两相的交界处发生反应，因此要求单体有高的反应活性，由于采用高反应活性的单体，聚合物在界面上迅速生成，其分子量与反应程度关系不大；对单体纯度和当量配比要求不高。缩聚物的分子量主要与界面处的单体浓度有关。由于要采用高反应活性单体，又要消耗大量溶剂，设备利用率低。尽管界面缩聚有许多优点，但工业上实际应用少。目前界面缩聚已广泛用于实验室及小规模合成聚酰胺、聚砜、含磷缩聚物和其他耐高温缩聚物，在工业上还未普遍采用。

4. 固相缩聚

固相缩聚是指在原料（单体及聚合物）熔点或软化点以下进行的缩聚反应。固相缩聚往往作为一种辅助手段用于进一步提高熔融缩聚聚合物的分子量，一般不可能单独用来进行以单体为原料的缩聚反应。

固相缩聚的特点是：反应速率比熔融缩聚小很多，表观活化能大，往往需要几十个小时反应才能完成；由于为非均相反应，固相缩聚时扩散控制过程、缩聚过程中单体由一个晶相扩散到另一个晶相；一般有明显的自催化作用，反应速率随时间的延长而增加，到最后由于官能团浓度很小，反应速率才迅速下降。固相缩聚是在固相化学反应的基础上发展起来的。它可制得高分子量、高纯度的聚合物，特别是在制备高熔点缩聚物、无机缩聚物及熔点以上单体容易分解的缩聚物（无法采用熔融缩聚）方面有着其他方法无法比拟的优点。

固相缩聚的应用实例：分子量在 30000 以上的涤纶（用于制备降落伞）。固相缩聚在理论上和实践上都有重要意义，目前有许多问题尚处于研究阶段。

第三章
高分子合成基本技术

学习目标

高分子合成操作与化学实验技术有着密切联系，通过本章学习能掌握高分子合成技能，学会高分子合成中各种仪器和设备的使用方法；掌握蒸馏、重结晶、干燥、萃取和加热等基本高分子实验技术，掌握每种技术的操作原理、事故处理方法等；掌握常见聚合物分离、纯化和分级原理及操作技术；掌握常见单体和引发剂的纯化意义及操作技术。

　　高分子合成实训是一门实验性很强的学科，作为基本技能的训练，它是高分子实践教学的重要环节。高分子化学与有机化学有着密切的关系，许多高分子合成反应都是在有机合成反应的基础上建立和发展起来的，因此，高分子化学合成技术也是建立在有机化学实验技术的基础之上。高分子合成实训和有机合成实验的许多基本操作都有共同之处，但是高分子合成毕竟不同于有机合成，具有自身的特点：许多应用于高分子合成的方法和手段在有机化学实验中并不常见；对反应的实施与控制有自己的特点；对仪器设备的要求也有所不同；高分子化合物的结构和组成分析也有其独特之处。因此，有必要进行专门的高分子合成技能训练，掌握一些常用的基础技术和必备技能。

　　在进行高分子合成时，要根据反应选择合适类型和大小的反应器，根据反应的要求选择其他的玻璃仪器，并使用辅助器具安装实验装置，将不同仪器良好、稳固地连接起来。高分子反应常常在加热、搅拌和通惰性气体的条件下进行，单体和溶剂的精制离不开蒸馏操作，有时还需要进行减压操作，下面介绍高分子合成的基本实验操作。

第三章 高分子合成基本技术

第一节 高分子合成实训仪器和装置

一、高分子合成实训仪器

高分子化学反应的进行、溶液的配制、物质的纯化以及许多分析测试都是在玻璃仪器中进行的,另外还需要一些辅助设施,如金属器具和电学仪器等。

1. 常用玻璃仪器

实验室常用玻璃仪器如图 3-1 所示。

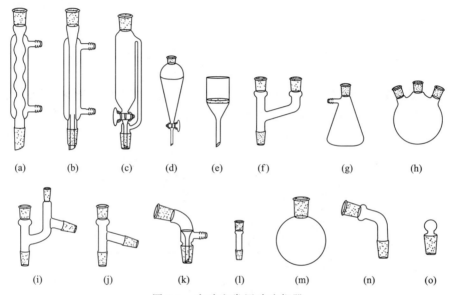

图 3-1 实验室常用玻璃仪器

(a) 球形冷凝管;(b) 直形冷凝管;(c) 恒压滴液漏斗;(d) 分液漏斗;(e) 布氏漏斗;(f) Y 管;
(g) 抽滤瓶;(h) 三口烧瓶;(i) 克氏蒸馏头;(j) 普通蒸馏头;(k) 真空尾接管;
(l) 温度计套管;(m) 圆底烧瓶;(n) 弯管;(o) 玻璃塞

化学实验用的玻璃仪器一般用玻璃特制而成,使用时应注意轻拿轻放。厚壁玻璃仪器(如抽滤瓶)不能加热;用灯焰加热玻璃仪器(试管除外)至少要垫上石棉网;平底仪器(如平底烧瓶、锥形瓶)不耐压,不能用于减压体系;广口容器不能存放有机溶剂;不能将温度计当作玻璃棒使用。

玻璃仪器按接口的不同可以分为普通玻璃仪器和磨口玻璃仪器。普通玻璃仪器之间的连接是通过橡胶塞进行的,需要在橡胶塞上打出适当大小的孔,如果孔道不直、和橡胶塞不配套,会给实验装置带来许多不便。磨口玻璃仪器的接口标准化,分为内磨接口和外磨接口,烧瓶的接口基本是内磨的,而回流冷凝管的下端为外磨接口。为了方便接口大小不同的玻璃仪器之间的连接,还有多种接口可以选择。常用标准玻璃磨口有 $10^\#$、$12^\#$、$14^\#$、$19^\#$、$24^\#$、$29^\#$ 和 $34^\#$ 等规格,其中 $24^\#$ 磨口的大小与 $4^\#$ 橡胶塞相当。

使用磨口玻璃仪器,由于接口处已经细致打磨和聚合物溶液的渗入,有时会使内、外磨口发生黏结,难以分开不同的组件。为了防止出现这种情况,仪器使用完毕后应立即将装置拆开;较长时间使用,可以在磨口上涂敷少量硅脂等润滑脂,但是要避免污染反应物。润滑脂的用量越少越好,实验结束后,用吸水纸或脱脂棉蘸少量丙酮擦拭接口,然后再将容器中的液体倒出。

大部分高分子化学反应是在搅拌、回流和通惰性气体的条件下进行的，有时还需进行温度控制（使用温度计和控温设备）、加入液体反应物（使用滴液漏斗）和反应过程监测（添加取样装置），因此反应最好在多口反应瓶中进行。图3-2为常见的磨口反应烧瓶，高分子化学实验中多用三口和四口烧瓶，容量大小根据反应液的体积决定，烧瓶的容量一般为反应液总体积的1.5~3倍。

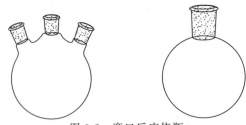

图3-2 磨口反应烧瓶

可拆卸的反应釜用于聚合反应，可以很方便地清除粘在壁上的坚韧聚合物或高强度的聚合物凝胶，尤其适用于缩合聚合反应，如聚酯和不饱和聚酯树脂的合成，如图3-3所示。为了保持高真空条件，可在釜盖和底座之间加密封垫，并用旋夹拧紧。

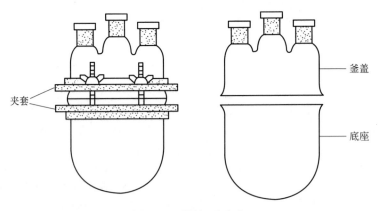

图3-3 可拆卸反应釜

进行聚合反应动力学研究时，特别是本体自由基聚合反应，膨胀计是非常合适的反应

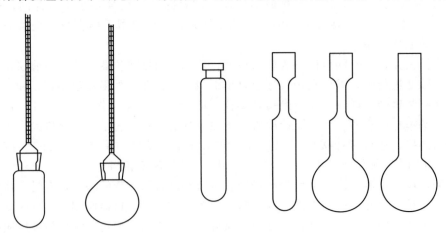

图3-4 膨胀计、带橡胶塞的聚合管和封管

器,如图 3-4 所示。它是由反应容器和标有刻度的毛细管组成,好的膨胀计应具有操作方便、不易泄漏和易于清洗的特点。通过标定,膨胀计可以直接测定聚合反应过程中体系的体积收缩,从而获得反应动力学方面的数据。

一些聚合反应需要在隔绝空气的条件下进行,使用封管或聚合管比较方便,如图 3-4 所示。封管宜选用硬质、壁厚均一的玻璃管制作,下部为球形,可以盛放较多的样品,并有利于搅拌;上部应拉出细颈,以利于烧结密闭。封管适用于高温、高压下的聚合反应。带翻口橡胶塞的聚合管,适用于温和条件下的聚合反应,单体、引发剂和溶剂的加入可以通过干燥的注射器进行。

除了上述反应器以外,高分子化学实验经常使用到冷凝管、蒸馏头、接液管和漏斗等玻璃仪器。进行离子型聚合反应,对实验条件的要求很高,可根据需要设计和制作特殊的玻璃反应装置。

2. 辅助器件

进行高分子化学实验,需要用铁架台和铁夹等金属器具将玻璃仪器固定并适当连接。实验过程中经常需要进行加热、温度控制和搅拌,因此反应需选择合适的加热、控温和搅拌设备。液体单体的精制往往需要在真空条件下进行,需要使用不同类型的减压设备,如真空油泵和水泵。许多聚合反应在无氧条件下进行,需要氮气钢瓶和管道等。

二、高分子聚合反应装置

在实验室中,大多数的聚合反应可在磨口三口烧瓶或四口烧瓶中进行,常见的反应装置如图 3-5 所示,一般带有搅拌器、冷凝管和温度计,若需滴加液体反应物,则需配上滴液漏斗。

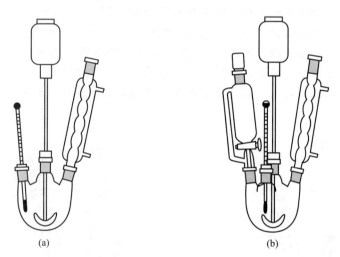

图 3-5 高分子聚合反应装置

为防止反应物特别是挥发性反应物的逸出,搅拌器与瓶口之间应有良好的密封。如图 3-6(a) 所示的聚四氟乙烯(PTFE)搅拌器为常用的搅拌器,由搅拌棒和高耐腐蚀性的标准口聚四氟乙烯搅拌头组成。搅拌头包括两部分,两者之间常配有橡胶密封圈,该密封圈也可用聚四氟乙烯膜缠绕搅拌棒压成饼状来代替。由于聚四氟乙烯具有良好的自润滑性能和密封性能,因此既能保证搅拌顺利进行,也能起到很好的密封作用;搅拌棒是带活动聚四氟乙烯搅拌桨的金属棒,该活动搅拌桨通过其开合,不仅能非常方便地进出反应瓶,而且还能以不同的打开角度来适应实际需要[如图 3-6(a) 中的虚线]。为了得到更好的搅拌效果,也可根据需要用玻璃棒烧制各种特殊形状的搅拌棒(桨)[图 3-6(b) 为实验室中常用的几种搅拌器]。

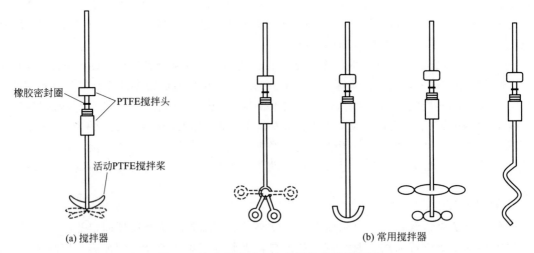

图 3-6 高分子实验室中常用的几种搅拌器

以上的反应装置适用于不需要氮气保护的聚合反应场合,需氮气保护的聚合反应则需相应地添加通氮装置。为保证良好的保护效果,只向体系中通氮气常常是不够的。通常需先对反应体系进行除氧处理,并且在反应过程中,为防止氧气和湿气从反应装置的各接口处渗入,必须使反应体系保持一定的氮气正压。常用氮气保护反应装置如图 3-7 所示,其中图 3-7(a) 适用于除氧要求不是十分严格的聚合反应。若反应是在回流条件下进行,则在开始回流后,由于体系本身的蒸气可起到隔离空气的作用,因此可停止通氮。图 3-7(b) 适用于对除氧除湿相对较严格的聚合体系。在反应开始前,可先加入固体反应物(也可将固体反应物配成溶液后,以液体反应物形式加入),然后调节三通活塞,抽真空数分钟后,再调节三通活塞充入氮气,如此反复数次,使反应体系中的空气完全被氮气置换。之后再在氮气保护下,用注射器把液体反应物由三通活塞加入反应体系,并在反应过程中始终保持一定的氮气正压。

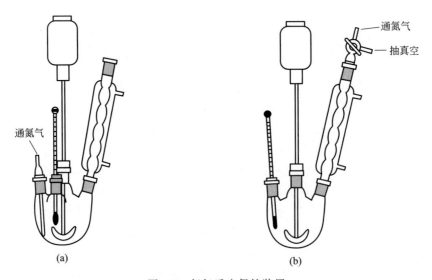

图 3-7 氮气反应保护装置

对于黏度不大的溶液聚合体系也可以使用磁力搅拌器,特别是对除氧除湿要求较严的聚合反应（如离子聚合）。使用磁力搅拌器可提供更好的体系密闭性，典型的磁力搅拌反应装置如图3-8所示，其中的温度计若非必需［图3-8(a)］，可用磨口玻璃塞代替，其除氧操作如图3-8(b)所示。

对除湿除氧要求更严格的聚合反应可在如图3-8(c)所示的安瓿管中进行。具体操作时，将安瓿管的上端通过一段橡胶管连上三通活塞，然后交替地抽真空、充氮气，进行除氧处理，用注射器经由橡胶管加入反应物后，将安瓿管顶端熔封，从而保证聚合反应能在完全隔氧隔湿的条件下进行。

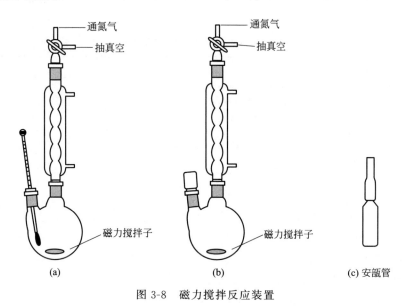

图 3-8 磁力搅拌反应装置

第二节 高分子合成实训的基础操作

一、温度控制

高分子合成实训离不开温度的控制。自由基聚合采用热分解引发剂，聚合温度一般在50℃以上，缩聚所需要的温度更高，熔融缩聚有时温度控制在200℃以上。离子型聚合一般都在低温条件下进行，有时需要控制在零下十几度甚至更低。由此可见，实验室温度的控制是至关重要的。一般应避免使用电炉这类危险性较高的加热设备。一些高档的控温设备不仅可以达到精确控温、快速升降温，还可以实现计算机监控，实验室中常见的温度控制设备和方法有以下几种。

1. 水浴

如果反应需控制温度在0～100℃，那么采用水浴加热是一种较好的选择。水浴加热介质纯净，易清洗。水的比热容大，温度控制恒定。不过各种水浴加热设备的精度是不同的，一般的水浴控温精度在±1℃，超级恒温水浴可控制温度精度为±0.2℃，较大的水浴需要附加搅拌装置（机械搅拌或电磁搅拌）。水浴加热设备的缺点是降温较慢，且不易控制，比较好的水浴配有冷却装置，降温时可通入冷却水或其他冷却介质，实现可控的降温。使用水浴长时间加热时还要注意及时补充蒸发掉的水分，也可以在水面铺一层薄薄的甘油或液体石蜡防止水蒸发太快。

2. 油浴

100～200℃的温度控制就要选用油浴加热，油浴加热可控的温度范围取决于导热油的种类。常用的导热油有氢硅油、液体石蜡、泵油等，见表3-1。油浴的温度控制精度一般可达到±0.5℃，如要较好地控温都需要附加搅拌装置（机械搅拌或电磁搅拌）。油浴的降温也是比较困难的，需要降温时最好将反应瓶取出，如果是先升温后降温的反应就只能采用两套加热设备。使用油浴加热，装置不易清洗，长时间使用会发现导热油变得混浊，黏度有所上升，还要及时更换导热油以免发生火灾。在使用油浴加热反应时，油浴锅的附近应避免放置易燃物和易燃试剂。

表 3-1　常见加热介质的相关性质

加热介质	最高使用温度/℃	备　注
甘油	140～150	洁净、透明、难挥发；温度过高会炭化
植物油	170～180	难清洗、难挥发、高温有油烟；为了便于久用，常加入1%的对苯二酚等抗氧化剂
石蜡油	200	温度稍高不分解，但容易燃烧
泵油	250	回收泵油多含杂质，不透明
甲基硅油	250	耐高温、透明、安全、价格高
苯基硅油	250	耐高温、透明、安全、价格高

3. 电热套

电加热是比较方便的一种加热设备，适用于温度在室温至300℃之间的各种反应。电加热在使用中的一个主要问题是控温不够精确，反应体系受热也容易不均匀。使用电加热应选择可调压（或可控温）的电热套，对于不可控温的电热套可另加电子控温仪接在电热套上进行精确控温。目前市售的电热套有的可以显示电热套内壁的温度，有的外接一热电偶，可测定反应瓶内温度，这时就要注意在瓶内温度达到设定温度之前，电热套内壁可能温度很高，反应瓶切记不能靠在电热套的底部，以免受热不均，反应瓶应与电热套保持一定的距离，利用空气浴加热。

二、原料纯化和产物的精制

所有合成高分子化合物都是由单体通过聚合反应生成的，在聚合反应过程中，所用原料的纯度对聚合反应影响巨大，特别是单体，即使单体中仅含质量分数为0.01%～0.0001%的杂质也常常会对聚合反应产生严重的影响。单体中的杂质来源是多方面的，以常用的乙烯基单体为例，所含的杂质来源可能包括以下几个方面：

① 单体制备过程中的副产物，如苯乙烯中的乙苯、乙酸乙烯酯中的乙醛等；
② 为防止单体在储存过程中发生聚合需加入的阻聚剂，常为酚类、胺类等；
③ 单体在储存过程中发生氧化或分解反应而产生的杂质，如双烯类单体中的过氧化物、苯乙烯中的苯乙醛等；
④ 在储存和处理过程中引入的其他杂质，如从储存容器中带入的微量金属或碱，磨口接头上所涂的油脂等。

单体的提纯方法要根据单体的类型、可能存在的杂质以及将要进行的聚合反应类型来综合考虑。不同的单体、杂质，其适应的提纯方法就可能不同，而不同聚合反应类型对杂质的提纯及纯化程度的要求也各有不同。如自由基聚合和离子聚合对单体的纯化要求就有所区别，即使同样是自由基聚合，活性自由基聚合对单体的纯化要求就比一般的自由基聚合要高得多。因此，很难提出一个通用的单体提纯方式，必须根据具体情况小心选择。对于一些不溶于水的液态单体，如苯乙烯、（甲基）丙烯酸酯类等，为除去其中添加的少量酚类或胺类阻聚剂,单单采用蒸馏的方法是不够的,因为这些阻聚剂常具有相当高的挥发性,蒸馏时难免随蒸气带出。因此在纯化这些单体时,应先用稀碱或稀酸溶液进行处理,以除去阻聚剂(酚类用稀碱,胺类用稀酸)。具体操作是在分液漏斗中加入单体及一定量的稀酸或稀碱溶液(通常为10%的溶液),经反复振荡后静置分层,除去水相,反复几次,直至水相呈无色,再用蒸馏水洗至水相呈中性,有机相用无水硫酸钠或无水硫酸镁等干燥后,再进行蒸馏。在蒸馏时,为防止单体聚合,可加入挥发性小的阻聚剂,如铜盐或铜屑等。同时,为防止发生氧化反应,蒸馏最好在惰性气体保护下进行。对于沸点较高的单体,为防止热聚合,应采用减压蒸馏。此外,根据聚合反应对单体的除水要求,在蒸馏时可加入适当的干燥剂再进行深度干燥,如加入 CaH_2 等回流一段时间后重新蒸馏使用。

固态单体则多采用重结晶或升华的方法。如丙烯酰胺可用丙酮、三氯甲烷、甲醇等溶剂进行重结晶。

乙烯基单体在光或热的作用下易发生聚合反应,因此单体在储存时必须采取一些保护措施。单体长期储存时必须加入适当的阻聚剂,如酮、酚、胺、硝基化合物、亚硝基化合物或金属化合物等。对于多数的单体而言,通常加入0.1%~1%的对苯二酚或4-叔丁基邻苯二酚就足以起到阻聚作用。但在聚合反应前需将这些阻聚剂除去。大多数经提纯后的单体可在避光及低温条件下短时间储存,如放置在冰箱中;若需储存较长时间,则除避光低温外还需除氧及氮气保护。实验室的通常做法是将提纯后的单体在氮气保护下封管再避光低温储存。下面就单体或聚合物纯化中几种常用操作做介绍。

1. 蒸馏

蒸馏是分离和提纯有机化合物的常用手段。根据有机化合物性质不同,在具体应用上分为常压蒸馏、水蒸气蒸馏和减压蒸馏等。

(1) 常压蒸馏 常压蒸馏就是在常态下将液体物质加热到沸腾变为蒸气,又将蒸气冷凝为液体这两个过程的联合操作。如蒸馏沸点差别较大的液体混合物时,沸点较低者先蒸出,沸点较高者后蒸出,不挥发的留在蒸馏器中,这样可达到分离和提纯的目的。常压蒸馏一般适用于液体混合物中各组分的沸点差别较大者的分离。当液体物质被加热时,该物质的蒸气压达到液体表面大气压时液体沸腾,这时的温度称为沸点。常压蒸馏就是将液体加热到沸腾状态,使该液体变成蒸气,又将蒸气冷凝后得到液体的过程,装置如图3-9所示。

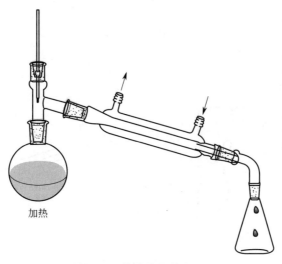

图3-9 普通蒸馏装置图

每种液态的有机物在一定的压力下均有固定的沸点，利用蒸馏可将两种或两种以上沸点相差较大（>30℃）的液体混合物分开。但是应该注意，某些有机物往往能和其他组分形成二元或三元恒沸混合物，它们也有固定的沸点，因此具有固定沸点的液体，有时不一定是纯化合物。纯液体化合物的沸程一般为0.5~1℃，混合物的沸程则较长，可以利用蒸馏来测定液体化合物的沸点。

蒸馏操作时的注意事项如下。

① 根据蒸馏物的量，选择大小合适的蒸馏瓶（蒸馏物液体的体积，一般不要超过蒸馏瓶容积的2/3，也不要少于1/3）。安装仪器顺序一般都是自下而上，从左到右，先难后易，拆卸仪器顺序与安装顺序相反，仪器安装要严密、正确。

② 将待蒸馏液通过玻璃漏斗小心倒入蒸馏瓶中，不要使液体从支管流出。

③ 温度计水银球上限应和蒸馏头侧管的下限在同一水平线上，冷凝水应从下口进，上口出，加热前放沸石，通冷凝水。

④ 蒸馏效果的好坏与操作条件有直接关系，其中最主要的是控制馏出液流出速度，以1~2滴/s为宜（1mL/min），不能太快，否则达不到分离要求。液体不能蒸干，残留液至少0.5mL，否则易发生事故（瓶碎裂等）。

⑤ 沸点在80℃以下的液体用水浴加热蒸馏，当蒸馏沸点高于140℃的物质时，应使用空气冷凝管。

⑥ 热源温控要适时调整得当。如果维持原来加热程度，不再有馏出液流出，温度突然下降时，就应停止蒸馏，即使杂质量很少也不能蒸干，特别是蒸馏低沸点液体时更要注意不能蒸干，否则易发生意外事故。蒸馏完毕，先停止加热，后停止通冷却水，再拆卸仪器。

⑦ 馏分收集范围应严格无误。

（2）水蒸气蒸馏　水蒸气蒸馏也是分离提纯液体有机化合物的一种方法，但较少使用。它是将水蒸气通入不溶或难溶于水、有一定挥发性的有机物中，使该有机物随水蒸气一起蒸馏出来。根据分压定律，混合物的蒸气压是各组分蒸气压之和。当各组分的蒸气压之和等于大气压时，混合物开始沸腾。混合物的沸点要比纯物质的沸点低，这意味着该有机物可在比其正常沸点低的温度下被蒸馏出来。水蒸气蒸馏装置如图3-10所示。在馏出物中，有机物与水的质量（m_A和m_{H_2O}）之比，等于两者的分压（p_A、p_{H_2O}）和两者各自分子量（M_A和M_{H_2O}）的乘积之比。

$$m_A/m_{H_2O}=p_AM_A/(p_{H_2O}M_{H_2O})$$

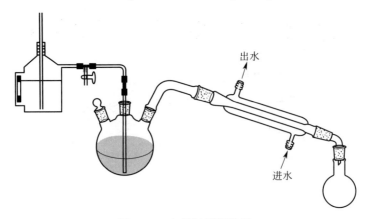

图3-10　水蒸气蒸馏装置

水蒸气蒸馏的适用范围：常压蒸馏易分解的高沸点有机物；混合物中含有大量固体，用蒸馏、过滤、萃取等方法都不能除去；混合物中含有大量树脂状的物质或不挥发杂质，用蒸馏、萃取等方法难以分离。被提纯物质应具备的条件：不溶于或难溶于水，共沸腾下与水不反应，100℃时必须有一定的蒸气压。

水蒸气蒸馏的注意事项如下。

① 将蒸馏物倒入圆底烧瓶中，其量不超过烧瓶容量的 1/3，检查实验装置是否漏气。

② 开始蒸馏前将 T 形管夹子打开，通冷凝水，加热水蒸气发生器，当 T 形管支管有蒸汽冲出时，夹紧夹子，使蒸汽通入烧瓶中。

③ 调节加热温度，控制馏出速率为 1～2 滴/s。当馏出物澄清透明时，即可停止蒸馏。

④ 为使水蒸气不致在烧瓶中过多而冷凝，可在烧瓶底部用小火加热。要随时注意安全管中水蒸气的情况，若有异常，立刻打开 T 形管夹子，移去热源，排除故障后方可继续。

⑤ 水蒸气发生器中的水不能太满，以占水蒸气发生器容积的 2/3 为宜，防止沸腾时水冲出。

（3）减压蒸馏　高沸点有机化合物或在常压下蒸馏易发生分解、氧化或聚合的有机化合物，常可采用减压蒸馏的方法进行分离、提纯。沸点大于 200℃的液体一般需用减压蒸馏提纯。液体的沸点随外界压力的变化而变化，若系统的压力降低了，液体的沸点也随之降低。在进行减压蒸馏之前，应先从文献中查阅欲提纯的化合物在所选择压力下的相应沸点，若文献中无此数据，可用下述经验规则推算，即：若系统的压力接近大气压时，压力每降低 10mmHg（1.33kPa），则沸点下降 0.5℃，若系统在较低压力状态时，压力降低一半，沸点下降 10℃。例如，某化合物在 20mmHg（2.67kPa）的压力下，沸点为 100℃，压力降至 10mmHg（1.33kPa）时沸点为 90℃。更精确一些的压力与沸点的关系可用图 3-11 的方法来估算。已知化合物在某一压力下的沸点，便可近似地推算出该化合物在另一压力下的沸点。实验室常用减压蒸馏装置如图 3-12 所示。

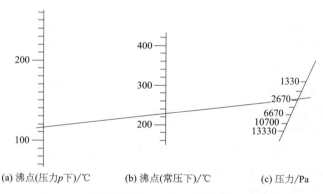

(a) 沸点(压力 p 下)/℃　　(b) 沸点(常压下)/℃　　(c) 压力/Pa

图 3-11　液体在常压、减压下的沸点经验曲线

减压蒸馏装置主要由蒸馏、抽气（减压）、安全保护和测压四部分组成。蒸馏部分由蒸馏瓶、克氏蒸馏头、毛细管、温度计及冷凝管、接收器等组成。克氏蒸馏头可减少由于液体暴沸而溅入冷凝管的可能性；而毛细管的作用，则是作为汽化中心，使蒸馏平稳进行，避免液体过热而产生暴沸冲出现象。毛细管口距瓶底 1～2mm，为了控制毛细管的进气量，可在毛细玻璃管上口套一段软橡胶管，橡胶管中插入一段细铁丝，并用螺旋夹夹住。蒸出液接收

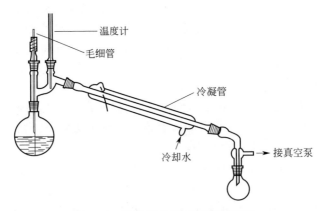

图 3-12 实验室常用减压蒸馏装置

部分,通常用多尾接液管连接两个或三个梨形或圆形烧瓶,在接收不同馏分时,只需转动接液管。抽气部分用减压泵,最常见的减压泵有水泵和油泵两种。安全保护部分一般有安全瓶,若使用油泵,还必须有冷却装置及分别装有粒状氢氧化钠、块状石蜡及活性炭或硅胶、无水氯化钙等吸收干燥塔,以避免低沸点溶剂,特别是酸和水汽进入油泵而降低泵的真空效能。所以在油泵减压蒸馏前必须在常压或水泵减压下蒸除所有低沸点液体、水以及酸、碱性气体。

减压蒸馏操作的注意事项如下。

① 把仪器安装完毕后,要检查系统的气密性。若发现有漏气现象,则需分段检查各连接处是否漏气,必要时可在磨口连接口处涂少量真空脂密封。待系统无明显漏气现象时,慢慢打开安全瓶上的活塞,使系统内外压力平衡。

② 减压蒸馏系统中切勿使用有裂缝的或薄壁的玻璃仪器,尤其不能使用不耐压的平底瓶(如锥形瓶),以防炸裂。

③ 若减压蒸馏的液体中含有低沸点组分,应先进行普通蒸馏,尽量除去低沸物,以保护油泵。

④ 使用水泵时应特别注意因水压突然降低,使水泵不能维持已达到的真空度,蒸馏系统内的真空度比水泵所产生的真空度高,因此,水会流入蒸馏系统沾污产品。为此,需在水泵与蒸馏系统间安装一个安全瓶。

⑤ 减压蒸馏结束后,安全瓶上的活塞一定要缓慢打开,如果打开太快,系统内外压力突然变化,使水银压力计的压差迅速改变,可导致水银柱破裂。

2. 重结晶及过滤操作

重结晶是一种分离提纯固体有机化合物的重要且常用的分离方法。从有机合成反应分离出来的固体粗产物往往含有未反应的原料、副产物及杂质,必须加以分离纯化。有机溶剂重结晶的回流冷凝装置如图 3-13(a) 所示。

重结晶原理:利用混合物中各组分在某种溶剂中溶解度不同或在同一溶剂中不同温度时的溶解度不同而使它们相互分离。重结晶适用于产品与杂质性质差别较大、产品中杂质含量小于 5% 的体系。固体有机物在溶剂中的溶解度随温度的变化而变化。通常温度升高,溶解度增大;反之,则溶解度降低。固体有机物溶于溶剂形成热的饱和溶液,降低其温度,固体有机物溶解度下降,溶液变得过饱和,溶质析出生成结晶,重结晶操作时注意以下几点。

第三章 高分子合成基本技术

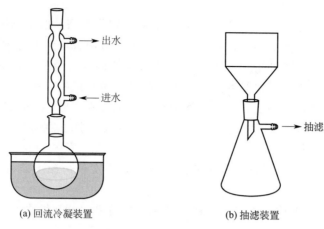

图 3-13 有机溶剂重结晶的回流冷凝装置和抽滤装置

(1) 选择适宜的溶剂　在选择溶剂时应根据"相似相溶"的一般原理。溶质往往溶于结构与其相似的溶剂中。还可查阅有关的文献和手册，了解某化合物在各种溶剂中不同温度的溶解度。也可通过实验来确定化合物的溶解度，即可取少量的重结晶物质在试管中，加入不同种类的溶剂进行测试。适宜溶剂应符合的条件：溶剂不应与重结晶物质发生化学反应；重结晶物质在溶剂中的溶解度应随温度变化，即高温时溶解度大，而低温时溶解度小；杂质在溶剂中的溶解度很大，或者很小；溶剂应容易与重结晶物质分离；溶剂应无毒，不易燃，价格合适并有利于回收利用。

(2) 制热饱和溶液　制热饱和溶液时，溶剂可分批加入，边加热边搅拌，在溶剂沸点温度下，至固体完全溶解后，再多加 20% 左右（这样可避免热过滤时，晶体在漏斗上或漏斗颈中析出造成损失）。切不可再多加溶剂，否则会损失产品或冷却后析不出晶体（有机溶剂需要回流装置）。

若溶液含有色杂质，要加活性炭脱色（用量为粗产品质量的 1%～5%），待溶液稍冷后加活性炭煮沸 5～10min。注意：切不可在沸腾的溶液中加入活性炭，否则会有暴沸的危险。

(3) 热过滤　方法一：用热水漏斗趁热过滤，预先加热漏斗，叠菊花滤纸，准备锥形瓶接收滤液，最后盖上减少溶剂挥发用的表面皿。方法二：可把布氏漏斗预先烘热，然后便可趁热过滤，可避免晶体析出而损失。上述两种方法在过滤时，应先用溶剂润湿滤纸，以免结晶析出而阻塞滤纸孔。

(4) 结晶　滤液放置冷却，析出结晶。

(5) 抽滤　抽滤前先熟悉布氏漏斗的构造及连接方式，将剪好的滤纸放入，滤纸的直径切不可大于漏斗底边缘，否则滤纸会折边，滤液会从折边处流过造成损失，将滤纸润湿后，可先倒入部分滤液（不要一次倒入），启动水循环泵，通过缓冲瓶（安全瓶）上二通活塞调节真空度，开始真空度可低些，这样不致将滤纸抽破，待滤饼已结一层后，再将余下溶液倒入，此时真空度可逐渐升高些，直至抽"干"为止。抽滤装置如图 3-13(b) 所示。

(6) 结晶的洗涤和干燥　用溶剂冲洗结晶再抽滤，除去附着的母液。抽滤和洗涤后的结晶，表面上吸附有少量溶剂，因此尚需用适当的方法进行干燥。固体的干燥方法很多，可根据重结晶所用的溶剂及结晶的性质来选择，常用的方法有以下几种：空气中晾干、烘干（红外灯或烘箱）、用滤纸吸干、置于干燥器中干燥。

重结晶操作注意事项如下：

① 溶剂量的多少，应同时考虑两个因素。溶剂少则收率高，但可能给热过滤带来麻烦，并可能造成更大的损失；溶剂多，显然会影响回收率。故两者应综合考虑。

② 可以在溶剂沸点温度时溶解固体，但必须注意实际操作温度，否则易在实际操作时，使被提纯物晶体大量析出。但对某些晶体析出不敏感的被提纯物，可考虑在溶剂沸点时溶解成饱和溶液，故因具体情况决定，不能一概而论。例如，在100℃时配成饱和溶液，而热过滤操作温度不可能是100℃，可能是80℃，也可能是90℃，那么在考虑加多少溶剂时，应同时考虑热过滤的实际操作温度。

③ 为了避免溶剂挥发及可燃性溶剂着火或中毒，应在锥形瓶上装回流冷凝管，添加溶剂时可从冷凝管的上端加入。

④ 若溶液中含有色杂质，则应加活性炭脱色，应特别注意活性炭的使用。

3. 萃取和洗涤

萃取和洗涤是利用物质在不同溶剂中的溶解度不同来进行分离的操作。萃取和洗涤在原理上是一样的，只是目的不同。从混合物中抽取的物质，如果是需要的，这种操作叫作萃取或提取；如果是不需要的，这种操作叫作洗涤。萃取是利用物质在两种不互溶（或微溶）溶剂中溶解度或分配比的不同来达到分离、提取或纯化目的的一种操作。

假设溶液由有机化合物X溶解于溶剂A而成，如果要从其中萃取X，可选择一种对X溶解度极好，而与溶剂A不相混溶和不起化学反应的溶剂B。把溶液放入分液漏斗中，加入溶液B，充分振荡，静置后，由于A与B不相混溶，故分成两层。此时X在A、B两相间的浓度比在一定温度和压力下为一常数，叫作分配系数，这种关系叫作分配定律，用公式表示为：

$$\frac{c(\text{X 在溶剂 A 中的浓度})}{c(\text{X 在溶剂 B 中的浓度})} = K(\text{分配系数})$$

注意：分配定律是假定所选用的溶剂B不与X起化学反应时才适用。

依照分配定律，要节省溶剂而提高萃取的效率，用一定量的溶剂一次加入溶液中萃取，不如把这些溶剂分成几份多次萃取效果好。洗涤是从混合物中提取出不需要的少量杂质，所以洗涤实际上也是一种萃取。萃取操作时应注意以下几点。

① 分液时一定要尽可能分离干净，有时在两相间可能出现一些絮状物，也应同时放去（下层）。

② 要弄清哪一层是水溶液。若搞不清，可任取一层的少量液体，置于试管中，并滴少量水，若分为两层，说明该液体为有机相，若加水后不分层则是水溶液。

③ 萃取时可利用"盐析效应"，即在水溶液中加入一定量的电解质（如氯化钠），以降低有机物在水中的溶解度，提高萃取效果。水洗操作时，不加水而加饱和食盐水也是这个道理。

④ 在萃取时，特别是当溶液呈碱性时，常常会产生乳化现象，这样很难将它们完全分离，所以要进行破乳，可加些酸。另外轻轻地旋转漏斗也可加速破乳。

⑤ 萃取溶剂的选择要根据被萃取物质在此溶剂中的溶解度而定，同时要易于和溶质分离开，所以最好用低沸点的溶剂。一般水溶性较小的物质可用石油醚萃取；水溶性大的物质可用苯或乙醚萃取，水溶性极大的物质可用乙酸乙酯萃取。

⑥ 分液漏斗使用后，应用水冲洗干净，玻璃塞和活塞用薄纸包裹后塞回去。

三、聚合物的干燥

聚合物的干燥是分离提纯聚合物之后的必要操作，它是将聚合物中残留的溶剂除去的过程，可使用固体干燥的一般方法。最普通的干燥方法是将样品置于红外灯下烘烤，但是会因为温度过高导致样品氧化，含有有机溶剂的聚合物也不宜采用此法，溶剂挥发在室内会对人造成一定危害。

还可将样品置于烘箱内烘干，这时要注意烘干温度和烘干时间的选择，温度过高同样会造成聚合物的氧化甚至裂解，温度过低则所需烘干时间太长。

比较适于聚合物干燥的方法是真空干燥。真空干燥可以利用真空烘箱进行，将聚合物样品置于真空烘箱密闭的干燥室内，减压并加热到适当温度，能够快速有效地除去残留溶剂。为了防止聚合物粉末样品在恢复常压时被气流冲走和固体杂质飘落到聚合物样品中，可以在盛放聚合物的容器中加盖滤纸，并用针扎一些小孔，以利于溶剂挥发。准备真空干燥之前要注意聚合物样品所含的溶剂量不可太多，否则会腐蚀烘箱，也会污染真空泵。溶剂很多时可用旋转蒸发法浓缩，也可以在通风橱中自然干燥一段时间，待大量溶剂除去后再置于真空烘箱内干燥，尽管如此，还要在真空烘箱与真空泵之间连接干燥塔，以保护真空泵。真空烘箱在使用完毕后也应注意及时清理，减少腐蚀，在真空干燥时容易挥发的溶剂可以使用水泵减压，难挥发的溶剂使用油泵。一些需要特别干燥的样品在恢复常压时可以通入高纯惰性气体以避免水汽的进入。

当待干燥的聚合物样品量非常少时，也可以利用简易真空干燥器。干燥器底部装入干燥剂，利用抽真空的方法除去聚合物样品中的低沸点溶剂。

冷冻干燥是在低温高真空下进行的减压干燥，适用于有生物活性的聚合物样品，以及需要固定、保留某种状态下聚合物结构形态的样品的干燥。在进行冷冻干燥前一般都将样品事先放入冰箱于 $-30 \sim -20$℃下冷冻，再置于已处于低温的冷冻干燥机中，快速减压干燥，干燥后应及时清理冷冻干燥机，避免溶剂的腐蚀。

四、化学试剂的称量和转移

固体试剂基本采用称量法，可在不同类型的天平上进行，如托盘天平、光电分析天平和电子分析天平。分析天平是高精密仪器，使用时应严格遵守使用规则，平时还要妥善维护。电子天平的出现使高精度称量变得十分简单和容易，使用时应该注意它的最大负荷和避免试剂散落到托盘上。称量时，应借助适当的称量器具，如称量瓶、合适的小烧杯和洁净的称量纸。除了称量法以外，液体试剂可直接采用量体积法，需要用到量筒、注射器和移液管等不同量具。

进行聚合反应，不同试剂需要转移到反应装置中。一般应遵循先固体后液体的原则，这样可以避免固体沾在反应瓶的壁上，还可以利用液体冲洗反应装置。为了防止固体试剂散失，可以利用滤纸、硫酸纸等制成小漏斗，通过小漏斗缓慢地加入固体；在液体试剂需要连续加入时，要借助恒压滴液漏斗等装置；严格的试剂加入速度可通过恒流蠕动泵来实现，流量可在几微升/分钟至几毫升/分钟内调节。气体的转移则较为简单，为了利于反应，通气管口应位于反应液面以下。

在高分子化学实验中，会接触到许多对空气、湿气等非常敏感的引发剂，如碱金属、有机锂化合物和某些离子聚合的引发剂（萘钠、三氟磺酸等）。在进行离子型聚合和基团转移聚合时，需要将绝对无水试剂转移到反应装置。这些化学试剂的量取和转移需要采取特殊的措施,以下列举几例。

(1) 碱金属(锂、钠和钾) 取一洁净的烧杯,盛放适量的甲苯或石油醚,将粗称量的碱金属放入溶剂中,借助镊子和小刀将金属表面的氧化层刮去,快速称量并转移到反应器中,少量附着于表面上的溶剂可在干燥的氮气流下除去。

(2) 离子聚合的引发剂 少量液体引发剂可借助干燥的注射器加入,固体引发剂可事先溶解于适当溶剂中再加入,较多量的引发剂可采用内转移法,如图 3-14 所示。

(3) 无水溶剂 绝对无水的溶剂最好是采用内转移法进行,如图 3-14 所示,一根双尖中空的弹性钢针,经橡胶塞将储存溶剂的容器 A 和反应容器 B 连接在一起,容器 A 另有出口与氮气管道相通,通氮加压即可将定量溶剂压入反应容器 B 中,溶剂加入完毕,将针头抽出。

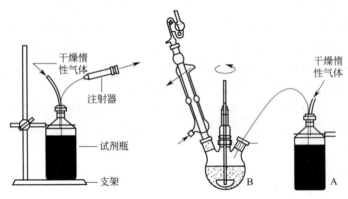

图 3-14 注射器法和内转移法加入敏感液态试剂

第三节 聚合物的分离、纯化和分级

一、聚合物的分离和纯化

在高分子合成过程中,分离和纯化是不可缺少的一个环节,分离和纯化的方法也有很多种,单体和反应原料的纯化是保证聚合反应顺利进行的关键步骤。在聚合反应结束后通常并不像我们希望的那样可以直接得到纯的聚合物,而是要通过分离纯化的步骤将所需要的聚合物提取出来。聚合物的分离和纯化方法主要有以下几种。

1. 洗涤法

用聚合物的不良溶剂反复洗涤聚合物,选择的不良溶剂可以溶解聚合物中含有的单体、引发剂和杂质以达到净化的目的,这是最为简单的精制方法,比如悬浮聚合所得到的聚合物颗粒本身是相当于本体聚合形成的较纯净的聚合物,而颗粒表面附着有分散剂,可通过洗涤的方法除去分散剂,再过滤即获得较为纯净的产品。对于其他聚合方法合成的产物使用单纯的洗涤法存在较大的问题,对于颗粒较小的聚合物来说,不易包裹杂质,洗涤效果较好,但是对于颗粒大的聚合物而言,则难于除去颗粒内部的杂质,精制效果并不理想,而且很多时候单体是聚合物的良溶剂,要将溶于聚合物的残余单体除去,不通过聚合物的溶解和不良溶剂的浸泡是很难达到理想效果的。洗涤法一般只作为辅助的精制方法,因此进一步的提纯要选择其他的一些分离方法,用其他纯化方法提纯后的聚合物,也可用其不良溶剂进一步洗涤干净。

2. 溶解沉淀法

溶解沉淀法是分离精制聚合物最常用的方法。如果是溶液聚合结束后得到的聚合物溶液，那么分离此聚合物的步骤就是将此聚合物溶液慢慢倒入一定量的聚合物沉淀剂中。沉淀剂的选择标准是能够溶解单体、引发剂和溶剂，而对聚合物不溶解。可以观察到体系内透明溶液到出现白色（通常为白色）沉淀的过程，也就是聚合物缓慢沉淀出来的过程。由于聚合物的分子量具有一定分布，沉淀过程是需要时间的。这一方法还同样用于聚合物的纯化，将未提纯的聚合物溶解于良溶剂中，然后将聚合物溶液加入聚合物的沉淀剂中，使聚合物缓慢地沉淀下来。初步提纯只是将聚合物中可能包裹的单体、引发剂或其他杂质除去，不涉及分子量的问题，因此只通过简单的溶解沉淀步骤即可达到目的，但更进一步的提纯就涉及对不同分子量的聚合物进行分离。

另外需要指出的是，聚合物溶液的浓度、沉淀剂的加入速度以及沉淀温度等对精制的效果和所分离出聚合物的外观影响很大。聚合物浓度过大，沉淀物开始呈橡胶状，容易包裹较多杂质，精制效果差；浓度过低，精制效果好。但是聚合物呈微细粉状，收集困难。沉淀剂的用量一般是溶剂体积的5~10倍。聚合物残留的溶剂可以采用真空干燥的方法除去。

3. 抽提法

抽提法是精制聚合物的重要方法，它是用溶剂萃取出聚合物中的可溶性部分，达到分离和提纯的目的，一般在索氏提取器中进行。

索氏提取器是由烧瓶、带两个侧管的提取器和冷凝器组成，形成的溶剂蒸气经蒸气侧管而上升，虹吸管则是提取器中溶液往烧瓶中溢流的通道，整个装置如图3-15所示。

将被萃取的固体聚合物用滤纸包裹结实，置于提取器中，可以同时提取几个样品，但要注意所放样品包的上端应低于虹吸管的最高处，以保证所有样品有较好的提取效果。在烧瓶中装入适当的溶剂和沸石。溶剂最少量不得小于提取器容积的1.5倍。加热使溶剂沸腾，蒸气不断沿蒸气侧管上升至提取器中，并经冷凝器冷凝至提取器中汇集，润湿聚合物并溶解其中可溶性组分，当提取器中的溶剂液面升高至虹吸管最高点时，提取器中所有液体从提取器虹吸到烧瓶中，再次进行上述过程。保持一定的溶剂沸腾速度，使提取器每15min被充满一次，聚合物多次被新蒸馏的溶剂浸泡，经过一定时间，其中的可溶性物质就可以完全被抽提到烧瓶中，在抽提器中只留下纯净的不溶性聚合物，可溶性部分残留在溶剂中。这样往复循环地利用溶剂比溶解沉淀法节省了溶剂，同时又得到了纯化的聚合物。抽提方法可以用于聚合物的提纯，还可用于聚合物的分离，如将未交联的聚合物与交联的聚合物分开，选择聚合物的良溶剂进行抽提，可将未交联的聚合物或杂质与交联的聚合物分离。无论出于何种目的，首先应得到固态的聚合物再进行抽提纯化，抽提后的不溶性聚合物以固体形式存在于抽提器中，再进行干燥即可。若溶剂中的聚合物也是需要的就必须再寻找沉淀剂或直接将溶剂蒸发除去，此时多选择旋转蒸发的方法除去溶剂，将在下面介绍。

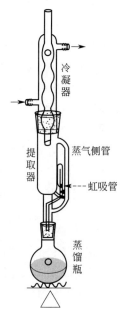

图3-15 索氏抽提装置

4. 旋转蒸发法

旋转蒸发是快速方便的浓缩溶液、蒸出溶剂的方法，要在旋转蒸发仪上完成。旋转蒸发仪组成如图3-16所示。待蒸发的溶液置于旋转烧瓶内，在电动机的带动下烧瓶旋转，在瓶壁上形成薄薄的液膜，提高了溶剂的挥发速度，同时可以通过水泵减压，降低溶剂的沸点，使其在短时间内达到浓缩蒸除的目的。溶剂的蒸气经冷凝形成液体流入接收瓶中。冷凝部分常用蛇形回流冷凝管。为了起到良好的冷凝效果，可用冰水作为冷凝介质。

进行旋转蒸发时，旋转烧瓶中液体的量不宜过多，为烧瓶体积的1/3即可。旋转梨形烧瓶和接收瓶与旋转蒸发仪的接口处最好用烧瓶夹固定，需要减压时还要在磨口处涂抹真空脂密封。装置调整好之后启动旋转电动机，开动水泵，关闭活塞，打开冷凝水进行旋转蒸发，必要时可将梨形烧瓶用水浴进行加热。旋转蒸发一般用于溶剂量较少的溶液的浓缩和蒸发，在反应原料的精制和制备过程以及聚合物的提纯分离过程常会用到此方法，在将溶剂完全蒸除时要注意加热水浴的温度不宜过高，防止其中需要的产品变性或氧化。

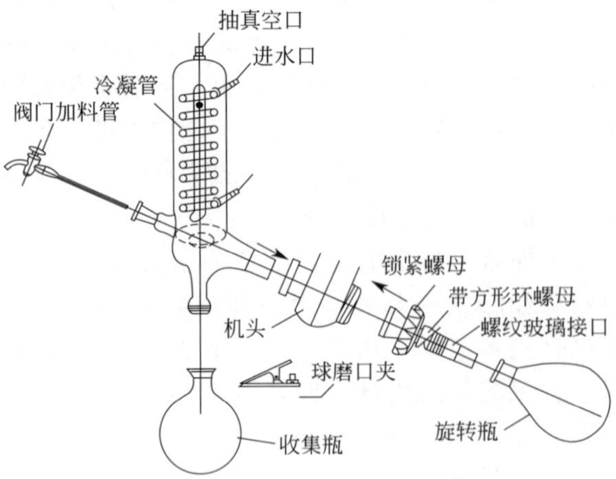

图 3-16 旋转蒸发仪结构图

5. 聚合物胶乳的分离纯化

乳液聚合的产物是较稳定悬浮于水中的聚合物胶乳，胶乳表面包覆着一定量的乳化剂。想要得到纯净的聚合物，首先必须将聚合物与水分离开，常采用的方法是破乳。破乳是向胶乳中加入电解质、有机溶剂或其他物质，破坏胶乳的稳定性，从而使聚合物凝聚。破乳剂的选择可以根据乳化剂的种类进行，离子型乳化剂一般选用带有反离子的电解质破乳；其他类型的乳化剂如使用电解质不易破乳则可考虑使用溶剂，如盐酸、丙酮等，必要时还可加热破坏其稳定性。破乳以后，需要用大量的水多次洗涤，除去聚合物中残留的乳化剂，再干燥得到纯净的聚合物。体系中不含乳化剂或含微量乳化剂的聚合物乳液若要将聚合物与水分离，胶乳粒粒径大（>300nm）的乳液可选离心沉降的方法，使用高速离心机在1000r/min以上转速进行离心分离。离心前需将离心管称重配平再放入离心机，多次离心可以洗涤原乳液溶解在水相中的杂质。若固含量较高又难以破乳，还可以选择直接蒸发水分的方法，先得到固体的聚合物，再通过抽提法等方法进一步纯化。在只需将聚合物胶乳小的小分子乳化剂和无机盐除去的情况下，还可用半渗透膜制成的渗析袋分离。

二、聚合物的分级

高分子链在无规的状态下增长、转移和终止，则所得到的分子量是许多链的平均分子量，分子量分布是高斯分布。高分子的多分散性是聚合物的基本特征之一，人们用 $HI = M_w/M_n$ （称为分子量多分散性指数）来表示聚合物分子量的分散性，对完全单分散的聚合物则有 $M_w = M_n$。可以用诸如活性聚合的方法制备出分散系数接近于1的某些聚合物，但对于大部分聚合物体系来说，要想获得窄分布的聚合物，就要用分级的方法。多分散的聚合物分离为不同分子量部分的方法称为分级，分级分为分析用和制备用两种。分析分级只需要少量的聚合物，例如分子量分布的测定；制备分级可以得到较大量的窄分布聚合物，是研究聚合物性质和分子量关系的重要方法。这些分级方法也只是得到比原始聚合物分子量分布窄的级分，按原理可以分为三类：基于在溶剂中的溶解度和溶解速度不同分级、利用色谱法分级和通过沉降分级。下面介绍这三种常用的聚合物制备分级方法。

1. 沉淀分级

沉淀分级是较简单的分级方法。当温度恒定时，对于某一溶剂，聚合物存在一临界分子量，低于该值的聚合物可以溶解在溶剂中，高于该值的聚合物则以聚集体形式悬浮于溶剂中。沉淀分级是在一定的温度下向聚合物溶液（浓度为 0.1%～1%）中缓慢加入一定量的非溶剂（沉淀剂），直到溶液混浊不再消失，静置一段时间后即等温地沉淀出较高分子量的聚合物；采用超速离心法将沉淀中的聚合物分离出去，其余的聚合物溶液中再次补加沉淀剂，重复操作即可得到同级分的聚合物。也可以在聚合物稀溶液中加入足够量的沉淀剂，使约一半的聚合物沉淀出来，而后分离溶液相和沉淀相，把沉淀出的凝胶再溶解，并把这两份溶液再按照上述步骤沉淀分离。沉淀分级的缺点是需用很稀的溶液，而且使沉淀相析出是相当耗时的。利用相同原理，可以维持聚合物的溶剂组成不变，在激烈的搅拌中缓慢地依次降低溶液的温度，也可以对聚合物进行分级。

2. 柱状淋洗分级

柱状淋洗分级是在惰性载体上沉淀聚合物样品，用一系列溶解能力依次增加的液体逐步萃取。聚合物首先沉积在惰性载体上，惰性载体可以选择玻璃珠、二氧化硅等，填充在柱子中，用组成不断改变的溶剂-非溶剂配制的混合溶剂来淋洗柱子，一般萃取剂从 100%非溶剂变到 100%溶剂，液体混合物在氮气的压力下通过柱子，把聚合物分子洗脱走，按级分收集聚合物溶液。精密的柱子成功地使用了温度梯度和溶剂梯度两者的结合，也称沉淀色谱法。

3. 制备凝胶色谱

制备凝胶色谱不同于分析凝胶色谱，它是为了得到不同级分的聚合物。此方法是基于多孔性凝胶粒子中不同大小的空间可以容纳不同大小的溶质（聚合物）分子，以分离聚合物分子。将交联的有机物或无机硅胶作为填料，这种填料都具有一定的孔结构，孔的大小取决于填料的制备方法。将聚合物溶液注入色谱柱，用同一溶剂淋洗，溶剂分子与小于凝胶微孔的高分子就扩散到凝胶微孔里，较大的高分子不能渗入而首先被溶剂淋洗到柱外。凝胶色谱分级的效率不仅取决于所用填料的类型，还取决于色谱柱的尺寸。

除凝胶色谱法外，其他两种方法都是基于聚合物溶解度与其分子量相关的原理，因此聚合物的分级只是对于化学结构单一的聚合物而言，对于不同支化程度的聚合物和共聚物样品，其溶解度并不只取决于分子量的大小，还和化学结构与组成相关，这些聚合物要先确定其化学结构和组成，再按分子量大小或化学组成进行分级。

第四节　试剂精制和基本操作

一、常用有机溶剂的纯化

1. 乙醇（C_2H_5OH）

乙醇的沸点为 78.3℃，折射率（n_D^{20}）为 1.3616，相对密度（D_4^{20}）为 0.7893。

普通乙醇含量为 95%，与水易形成恒沸溶液，不能用一般分馏法除去水分。初步脱水时常用生石灰为脱水剂，回流 5～6h，再将乙醇蒸出。若需要绝对无水乙醇，还必须选择下述方法进行处理。

① 在 1L 圆底烧瓶中加入 2~3g 干燥洁净的镁条、0.3g 碘、30mL 99.5%的乙醇,安装球形冷凝管（在冷凝管上端附加一个氯化钙干燥管）,水浴加热至碘粒完全消失（如果不起反应,可再加入数粒小颗粒碘）,然后继续加热,待镁完全溶解后,将 500mL99.5%的乙醇加入,继续加热回流 1h,蒸出乙醇,收集于干燥洁净的接收瓶内。所得乙醇纯度可超过 99.9%。

② 采用金属钠以除去乙醇中含有的微量水分,然后蒸馏。金属钠与金属镁的作用是相似的。但是单用金属钠并不能达到完全去除乙醇中水分的目的。因为这一反应有如下的平衡：

$$C_2H_5ONa + H_2O \Longleftrightarrow C_2H_5OH + NaOH$$

若要使平衡向右移动,可以加过量的金属钠,增加乙醇钠的生成量,但这样做会造成乙醇的浪费。因此通常是加入高沸点的酯（如邻苯二甲酸乙酯或琥珀酸乙酯）以消除反应中生成的氢氧化钠。这样制得的乙醇,只要能严格防潮,含水量可以低于 0.01%。

2. 正己烷 (C_6H_{14})

正己烷的沸点为 68.7℃,折射率 (n_D^{20}) 为 1.3748,相对密度 (D_4^{20}) 为 0.5593。

正己烷为无色挥发性液体,能与醇、醚和三氯甲烷混合,不溶于水。目前市售三级纯正己烷含量为 95%,其纯化方法如下：先用浓硫酸洗涤数次,接着以 0.1mol/L 高锰酸钾的 10%硫酸溶液洗涤,再以 0.1mol/L 高锰酸钾的 10%氢氧化钠溶液洗涤,最后用水洗涤,干燥蒸馏。

3. 苯 (C_6H_6)

苯的沸点为 80.1℃,熔点为 5.5℃,折射率 (n_D^{20}) 为 1.5011,相对密度 (D_4^{20}) 为 0.8790。

普通苯常含有噻吩（沸点 84℃）,不能用分馏或分级结晶的方法分开。因此,欲制无噻吩的干燥苯,可采用下述方法进行纯化：噻吩比苯易磺化,将普通苯用相当于其体积 10%的浓硫酸反复振摇至酸层呈无色或微黄色,或检验至无噻吩存在为止（检验噻吩的方法：取 3mL 苯,用 10mL 靛红与 10mL 浓硫酸配成的溶液振摇后静置片刻,若有噻吩存在则溶液为浅蓝绿色）,然后分出水层,用水、10%碳酸钠溶液、水依次洗涤,以无水氯化钙干燥,分馏即得。若需绝对无水,再压入钠丝干燥。

4. 甲苯 (C_7H_8)

甲苯的沸点为 110.6℃,折射率 (n_D^{20}) 为 1.4969,相对密度 (D_4^{20}) 为 0.8669。

甲苯中含有甲基噻吩（沸点 112~113℃）,处理方法与苯相同。由于甲苯比苯容易磺化,用浓硫酸洗涤时温度应控制在 30℃以下。

5. 乙醚 ($C_4H_{10}O$)

乙醚的沸点为 34.6℃,折射率 (n_D^{20}) 为 1.3527,相对密度 (D_4^{20}) 为 0.7193。

工业乙醚中,常含有水和乙醇,若储存不当,还可能产生过氧化物。这些杂质的存在,对于一些要求用无水乙醚作溶剂的实验是不适合的,特别是有过氧化物存在时,还有发生爆炸的危险,纯化乙醚可选择下述方法。

① 向装有 500mL 普通乙醚的 1L 分液漏斗内,加入 50mL10%的新鲜配制的亚硫酸氢钠溶液,或加入 10mL 硫酸亚铁溶液和 100mL 水充分振摇（若乙醚中不含过氧化物,则可省去这步操作）,然后分出醚层,用饱和食盐溶液洗涤两次,再用无水氯化钙干燥数天,过滤、

蒸馏。将蒸出的乙醚放在干燥的磨口试剂瓶中，压入金属钠丝干燥。

硫酸亚铁溶液的制备：向100mL蒸馏水中慢慢加入6mL浓硫酸，再加入60g硫酸亚铁溶解即得。

②经无水氯化钙干燥后的乙醚也可用4A型分子筛干燥，所得绝对无水乙醚能直接用于格氏反应。

为了防止乙醚在储存过程中生成过氧化物，除尽量避免与光和空气接触外，可于乙醚内加入少许铁屑或铜丝、铜屑等盛于棕色瓶内，储存于阴凉处。为了防止发生事故，对在一般条件下保存或储存过久的乙醚，除已鉴定不含过氧化物的以外，蒸馏时都不要全部蒸干。

6. 四氢呋喃（C_4H_8O）

四氢呋喃的沸点为66℃，折射率（n_D^{20}）为1.4071，相对密度（D_4^{20}）为0.8892。

四氢呋喃与水混合，久放后，可能含有过氧化物。目前市售三级纯四氢呋喃含量为95%，其纯化方法如下：用固体氢氧化钾干燥数天，过滤，压入钠丝，以二苯甲酮为指示剂加热回流至蓝色，蒸馏待用。

7. 二氧六环（$C_4H_8O_2$）

二氧六环的沸点为101.5℃，熔点为12℃，折射率（n_D^{20}）为1.4224，相对密度（D_4^{20}）为1.033。

二氧六环的纯化一般是加10%（质量分数）的浓盐酸与之回流3h，同时慢慢通入氮气，以除去生成的乙醛，冷却，加入粒状氢氧化钾直至不再溶解；然后将水层分去，用氢氧化钾干燥一天，过滤，再加金属钠加热回流数小时，蒸馏即得，最后压入钢丝保存。

8. 丙酮（CH_3COCH_3）

丙酮的沸点为56.3℃，折射率（n_D^{20}）为1.3586，相对密度（D_4^{20}）为0.7890。

目前市售试剂级丙酮纯度较高，含水量不超过0.5%，一般直接用4A型分子筛或用无水硫酸钙、碳酸钾干燥。若要使丙酮含水量低于0.05%，将上述干燥的丙酮再用五氧化二磷干燥，蒸馏即得。如果丙酮中含有醛或其他还原性的物质，可逐次加入少量高锰酸钾回流直至紫色不褪，再用无水硫酸钙或碳酸钾干燥后蒸馏，或用碘化钠使与之生成加成物，经分解及分馏即得。

9. 二氯甲烷（CH_2Cl_2）

二氯甲烷的沸点为39.7℃，折射率（n_D^{20}）为1.4241，相对密度（D_4^{20}）为1.3167。

二氯甲烷为无色挥发性液体，其蒸气不能燃烧，与空气混合亦不发生爆炸，微溶于水，能与醇、醚混合。目前市售三级纯二氯甲烷含量为95%，其纯化方法如下：依次用5%碳酸氢钠溶液和水洗涤，再以无水氯化钙干燥蒸馏。二氯甲烷不能用金属铂干燥，因会发生爆炸。同时注意二氯甲烷不要久置于空气中，以免被氧化，应储存于棕色瓶内。

10. 三氯甲烷（$CHCl_3$）

三氯甲烷的沸点为61.2℃，折射率（n_D^{20}）为1.4455，相对密度（D_4^{20}）为1.4984。

普通三氯甲烷含有约1%乙醇作为稳定剂，其纯化方法如下：依次用相当于5%（体积分数）的浓硫酸、水、稀氢氧化钠溶液和水洗涤，再以无水氯化钙干燥，蒸馏即得。不含有乙醇的三氯甲烷应装于棕色瓶内并储存于阴暗处，避免光化作用产生光气。三氯甲烷不能用金属钠干燥，因会发生爆炸。

11. N,N-二甲基甲酰胺[$HCON(CH_3)_2$]

N,N-二甲基甲酰胺的沸点为153℃，折射率（n_D^{20}）为1.4304，相对密度（D_4^{20}）

为 0.9487。

N,N-二甲基甲酰胺为无色液体,与多数有机溶剂和水可任意混合,化学稳定性和热稳定性好,对有机化合物和无机化合物的溶解度范围广。目前市售三级纯 N,N-二甲基甲酰胺含量不低于 95%,主要杂质为胺、氰、甲醛和水,其纯化方法有如下几种:①先用无水硫酸镁干燥 24h,再加固体氢氧化钾振摇,然后蒸馏;②取 250g N,N-二甲基甲酰胺、30g 苯和 12g 水分馏,先将苯、水、胺和氨蒸除,然后减压蒸馏即得纯品;③若含水量低于 0.05%,可用 4A 型分子筛干燥 12h 以上,然后蒸馏,避光储存。

12. 二甲亚砜(CH_3SOCH_3)

二甲亚砜的沸点为 189℃,熔点为 18.5℃,折射率(n_D^{20})为 1.4783,相对密度(D_4^{20})为 1.0954。

二甲亚砜为无色、无臭、微带苦味的吸湿性液体,在常压下加热至沸腾可部分分解。市售试剂级二甲亚砜含水量约为 1%,通常先减压蒸馏,然后用 4A 型分子筛干燥;或用氢化钙粉末搅拌 4～8h,再减压蒸馏收集 64～65℃(4mmHg,约 0.53kPa)的馏分。蒸馏时,温度不宜高于 90℃,否则会发生歧化反应生成二甲砜和二甲硫醚。二甲亚砜与某些物质(如氢化钠、高碘酸或高氯酸镁等)混合时可能发生爆炸,应予注意。

二、常用引发剂的精制

1. 过氧化二苯甲酰(BPO)

氯仿、苯、四氯化碳、丙酮和乙醚对 BPO 均有一定的溶解度,理论上都可作为重结晶的溶剂,但丙酮和乙醚对 BPO 有诱导分解作用,故不适宜作重结晶的溶剂。重结晶时,一般宜在室温下将 BPO 溶解,高温溶解有引起爆炸的危险,需特别注意。

精制 BPO 时最常用的是以氯仿作溶剂,甲醇作沉淀剂。将 10g 粗 BPO 在室温下溶于 40mL 氯仿中,滤去不溶物。滤液倒入 100mL 预先用冰盐浴冷却的甲醇中,即有结晶析出,过滤,在氯化钙存在下减压干燥,即得精制品。如此重结晶几次,产品纯度可达 99%。

2. 偶氮二异丁腈(AIBN)

重结晶 AIBN 时溶剂可用乙醇,亦可用甲醇和水混合溶剂、乙醚、石油醚等。例如,在 100mL 乙醇中加入 10g AIBN,50℃ 水浴下加热使之溶解。滤去不溶物,滤液用冰盐浴冷却,过滤即得重结晶产物,在五氧化二磷存在下减压干燥。产物的熔点为 103～104℃。

3. 叔丁基过氧化氢

将叔丁基过氧化氢(含量约为 60%)20mL 在搅拌下慢慢加入预先冷却的 50mL 25% 的氢氧化钠水溶液中,使之生成钠盐析出,过滤,将此钠盐配成饱和水溶液,用氯化铵或固体二氧化碳(干冰)中和,叔丁基过氧化氢再生。分离此有机层,用无水碳酸钾干燥,减压蒸馏得精制品,纯度为 95%。

4. 异丙苯过氧化氢

将异丙苯过氧化氢(含量约为 75%)20mL 在搅拌下慢慢加入 60mL 25% 的氢氧化钠水溶液中。将生成的钠盐过滤,并用石油醚洗涤数次。将此钠盐悬浮在石油醚中用干冰中和,异丙苯过氧化氢再生并溶于石油醚中。分出石油醚层,常压蒸去石油醚,减压蒸馏,得精制产物,纯度为 97%。

5. 过氧化二叔丁基

将市售的过氧化二叔丁基减压蒸馏,收集 50～52℃ 的馏分。

6. 过硫酸钾

将过硫酸钾溶于30℃水中，冷却，即得重结晶产物，过滤，在氯化钙存在下减压干燥。

三、常用单体的精制

1. 甲基丙烯酸甲酯的精制

甲基丙烯酸甲酯是无色透明的液体，沸点为100.3～100.6℃，熔点为−48.2℃，密度为0.936g/cm^3，折射率为1.4136，微溶于水，易溶于乙醇和乙醚等有机溶剂。

在市售的甲基丙烯酸甲酯中，一般都含有阻聚剂，常用的阻聚剂是对苯二酚，可用碱溶液洗去，具体进行纯化处理的方法如下：在500mL分液漏斗中加入250mL甲基丙烯酸甲酯，用50mL 5%的NaOH水溶液洗涤数次至无色，然后用蒸馏水洗（每次50～80mL）至中性；分净水层后加入单体量5%左右的无水硫酸钠，充分摇动，放置干燥24h以上，减压蒸馏收集5℃的馏分。甲基丙烯酸甲酯的沸点和压力的关系见表3-2。

表3-2 甲基丙烯酸甲酯沸点和压力的关系

沸点/℃	20	30	40	50	60	70	80	90
压力/kPa	4.67	7.07	10.8	16.5	25.3	37.2	52.9	72.9

2. 苯乙烯的精制

苯乙烯为无色（或略带浅黄色）的透明液体，沸点为145.2℃，熔点为−30.6℃，折射率为1.5468，密度为0.9060g/cm^3。

苯乙烯的精制方法和精制甲基丙烯酸甲酯的方法基本相同。在500mL的分液漏斗中装入250mL苯乙烯，每次用约50mL的5%NaOH水溶液洗涤数次，至无色后再用蒸馏水洗至水层呈中性，然后加入适量的无水硫酸钠放置干燥。干燥后的苯乙烯再进行减压蒸馏，收集60℃的馏分，测定其纯度。苯乙烯在不同压力下的沸点见表3-3。

表3-3 苯乙烯沸点和压力的关系

沸点/℃	18	30.8	44.6	59.8	69.5	82.1	101
压力/kPa	4.67	7.07	10.8	16.5	25.3	37.2	52.9

3. 丙烯腈的精制

丙烯腈为无色透明液体，沸点为77.3℃，折射率为1.3911，密度为0.8660g/cm^3，常温下在水中的溶解度为7.3%。

丙烯腈的精制方法：量取200mL丙烯腈于500mL蒸馏瓶中进行常压蒸馏，收集76～78℃的馏分；将该馏分用无水CaCl$_2$干燥3h，经过滤后移入装有分馏柱的蒸馏瓶中，加入几滴KMnO$_4$溶液进行分馏，收集77～77.5℃的馏分。若仅要求去除丙烯腈单体中的阻聚剂，则常用离子交换法而不宜采用碱洗法，这是因为丙烯腈在水中的溶解度比较大，一系列的碱洗和水洗将造成相当多的单体损失。将待处理的丙烯腈单体以1～2cm/min的线速率流过强碱性阴离子交换树脂柱，收集流出的丙烯腈，倒入蒸馏瓶中，在水泵的减压下进行减压蒸馏（蒸馏时需放入少量的FeCl$_3$），在接引管与水泵缓冲瓶之间装一个干燥塔，收集主馏分备用。用于离子聚合的丙烯腈，临用前还需要用新活化的4A型分子筛干燥2h以上。

4. 丙烯酰胺的精制

将55g丙烯酰胺于40℃溶于20mL蒸馏水中，立即用保温漏斗过滤。滤液冷却至室温时，有结晶析出。用布氏漏斗抽滤，母液中加入6g硫酸铵，充分搅拌后置于低温水浴或冰箱中冷却至−5℃左右。待结晶完全后取出，迅速用布氏漏斗抽滤。合并两部分结晶，自然晾干后于 20~30℃下，在真空烘箱中干燥 24h 以上。

5. 环氧丙烷的精制

将待精制的环氧丙烷放入蒸馏瓶中，加入适量 CaH_2，磁力搅拌 2~3h，在 CaH_2 存在下蒸出。若蒸出后存放了一段时间，则在临用前还需用在 500℃下新活化的 4A 型分子筛进行干燥。

6. 乙酸乙烯酯的精制

量取 300mL 乙酸乙烯酯放入 500mL 的分液漏斗中，加入 60mL 饱和 $NaHSO_3$ 溶液，充分振摇后，放尽水层。如此重复 2~3 次，再用 100mL 蒸馏水洗 1 次，用 60mL 10% 的 Na_2CO_3 溶液洗 2 次，最后用蒸馏水洗至中性。将此洗净的乙酸乙烯酯倒入干净的烧瓶内，加入无水 Na_2SO_4 干燥，存放在冰箱内。干燥过的乙酸乙烯酯置于蒸馏瓶中，在水泵减压下进行减压蒸馏。乙酸乙烯酯在不同压力下的沸点见表 3-4。

表 3-4　乙酸乙烯酯沸点和压力的关系

沸点/℃	7.80	21.07	32.21	40.05	48.42	55.63	61.32	72.50
压力/kPa	6.17	12.61	21.20	29.42	42.30	54.76	67.95	101.32

第四章

高分子合成实训

> **学习目标**
>
> 掌握典型高分子合成实训项目操作技能、实训机理、数据处理和安全操作等基本知识；通过基础高分子合成实训加深对高分子基础理论、高分子合成配方、聚合物实施方法等知识点的理解；掌握聚对苯二甲酸乙二醇酯（PET）、尼龙-66等小型聚合物合成装置工艺流程、实训机理、开车过程、事故处理等理论和操作。

高分子合成实训操作是提高学生动手能力必不可少的实践方法，每一个典型实训项目都有对应的实验机理、操作特征、数据处理等，例如聚合反应按照反应机理可分为连锁聚合和逐步聚合两大类，连锁聚合反应的实施方法包括本体聚合、溶液聚合、悬浮聚合和乳液聚合等。通过典型实训项目的训练可以掌握高分子化学的理论知识，提高高分子合成技能操作水平，扩大知识面，培养严谨的科学态度和科学的思维方法。通过搭建实训装置，观察记录实验现象，分析、讨论实验结果等实践操作过程，培养学生的动手能力、分析解决问题的能力，为今后从事高分子合成的各项工作打好基础。

第一节 高分子合成基础实训

项目一 单体和引发剂的精制

一、实训目的

（1）了解甲基丙烯酸甲酯单体和过氧化二苯甲酰引发剂的商品组成、特点及精制的意义。

（2）掌握在实训室中对甲基丙烯酸甲酯、过氧化二苯甲酰进行精制的常用方法和操作规程。

(3) 正确使用并能够熟练操作实训中所用到的各种仪器。

二、实训原理

为防止高分子合成中常用的单体，如苯乙烯、甲基丙烯酸甲酯等，在分离精制、储存和运输过程中受到热、光、辐射、机械等作用而引发聚合，通常需添加一定量的阻聚剂（多为对苯二酚），此时单体外观呈黄色。用含有阻聚剂的单体进行聚合，反应通常不能顺利进行，宏观上表现为有较长的诱导期，更为严重时甚至不发生生成高分子的聚合反应；微观上则表现为引发剂分解所产生的初级自由基与阻聚剂反应生成非自由基物质或形成活性低、不再具有引发聚合能力的自由基，使聚合完全停止。只有当阻聚剂被消耗完且体系中尚含有多余的引发剂时，聚合反应才有可能发生并生成高分子化合物。此时所引入的引发剂不是全部被用来生成高分子，引发效率降低，聚合速率减慢，且不利于对所合成的高分子的分子量及配方进行设计与控制。因此，在聚合前，需要对单体及引发剂等进行精制，以脱除阻聚剂或微量杂质，尽量降低其对聚合的不利影响。

实验室中，通常采用两种方法对单体进行精制，一种是碱洗法，另一种是减压蒸馏法。碱洗法是利用单体与阻聚剂在碱液中的溶解性能差异来进行精制分离。而减压蒸馏法则是利用单体的沸点随其分压的降低而下降进行精制。根据聚合反应体系和所得高分子对纯度及分子量等的具体要求，可以只使用其中的一种方法，也可以两种方法都采用。本项目采用减压蒸馏法对甲基丙烯酸甲酯进行精制，用重结晶法提纯引发剂过氧化二苯甲酰（BPO）。

三、实训仪器和试剂

仪器：分液漏斗，冷凝管，容量瓶，三口烧瓶，锥形瓶，棕色瓶，表面皿，电子天平，铁架台，布氏漏斗，吸滤瓶，真空循环水泵，恒温水浴锅，分液漏斗，滤纸，玻璃棒，废液收集瓶。

试剂：甲基丙烯酸甲酯，过氧化二苯甲酰，氢氧化钠，氯仿，甲醇，氯化钠，无水硫酸钠，去离子水，pH 试纸。

四、实训步骤

1. 甲基丙烯酸甲酯（MMA）的精制（减压蒸馏法）

(1) 取甲基丙烯酸甲酯 50mL，用 5% 的氢氧化钠水溶液 7.5mL 和 20% 的食盐水溶液 7.5mL 重复萃取洗涤，直至萃取液无色为止。

(2) 加入无水硫酸钠 10g，放置过夜，吸收单体中的水分。

(3) 干燥后的甲基丙烯酸甲酯单体用减压蒸馏法精制。调整好压力后，缓慢升温。首先收集低沸点的前期蒸馏物，待沸点稳定后再收集甲基丙烯酸甲酯单体。

(4) 蒸馏完毕，将单体装入棕色玻璃瓶中置于暗处或低温下保存。

2. 过氧化二苯甲酰（BPO）的精制（重结晶法）

(1) 取一 250mL 锥形瓶加入 15g 过氧化二苯甲酰和 60mL 氯仿，室温下不断搅拌使 BPO 溶解。

(2) 过滤 BPO 溶液，滤液直接滴入已用冰水冷却的 150mL 甲醇中，出现针状结晶。

(3) 用布氏漏斗过滤针状结晶体/甲醇混合物，并用冷的甲醇洗涤结晶体。

(4) 重复上述步骤两次后，将结晶物置于真空干燥器中干燥并称重。

(5) 将干燥的 BPO 晶体盛放在广口棕色瓶中并保存在干燥器内备用。

五、思考题

(1) 进行减压蒸馏操作时应注意哪些事项？

(2) 甲基丙烯酸甲酯有哪些用途?

知识介绍

施陶丁格（高分子化学的奠基人）

施陶丁格（Hermann Staudinger，1881—1965），德国有机化学家和高分子化学家，出身于沃尔姆斯一个知识分子家庭，父亲是位哲学教授。施陶丁格自幼爱好化学和化学实验，曾就读于达姆施塔特大学、慕尼黑大学，1903 年获哈雷大学博士学位，后赴斯特拉斯堡大学深造，1907 年任该校讲师，1908 年任卡尔斯鲁厄工业学院副教授，1912 年任苏黎世工业大学有机化学教授，1926 年任弗赖堡大学化学教授，1940 年任该大学高分子化学研究所所长，一直工作到 1951 年退休并任名誉教授终生。

施陶丁格为从事高分子化合物研究付出了常人难以想象的心血和代价。其重要原因在于，他所面临的研究对象既是古老的又是新生的，无论是高分子化合物的性质，还是高分子化合物的分子结构以及高分子化合物的改性和合成，都存在着新的实践和旧的理论或新的理论与传统观点之间的冲突。施陶丁格一生主要从事高分子化学研究，1922 年他证明了高分子线链学说，即小分子形成长链结构的高聚物是由化学反应结合而成，而不是简单的物理集聚。他认为，这些线型分子可用不同的方法合成并各有其特性。他还证明了构成网状结构聚合物的黏度与其分子量之间的关系。这些研究成果对于开发塑料具有重大意义。正因为施陶丁格对开发塑料做出了贡献，他获得了 1953 年诺贝尔化学奖。

项目二　甲基丙烯酸甲酯的本体聚合

一、实训目的

（1）通过有机玻璃的制备了解本体聚合的特点，掌握本体聚合的实施方法，并观察整个聚合过程中体系黏度的变化过程。

（2）掌握本体浇铸聚合的合成方法及有机玻璃的生产工艺。

二、实训原理

自由基聚合反应属于连锁聚合反应，活性中心是自由基，它是高分子化学中极为重要的合成反应，其合成产物约占总聚合物的 60%、热塑性树脂的 80% 以上。自由基聚合反应是许多大品种通用塑料、合成橡胶及某些涂料、胶黏剂等的合成方法。

本体聚合是不加其他介质，只有单体本身在引发剂或光、热等作用下进行的聚合，又称块状聚合。本体聚合的产物纯度高、工序及后处理简单，但随着聚合的进行，转化率提高，体系黏度增加，聚合热难以散发，系统的散热是关键。同时由于黏度增加，长链自由基末端被包埋，扩散困难使自由基双基终止速率大大降低，致使聚合速率急剧增加而出现所谓的自动加速现象或凝胶效应，这些现象或效应轻则造成体系局部过热，使聚合物分子量分布变宽，从而影响产品的机械强度；重则使体系温度失控，引起爆聚。为克服这一缺点，现一般采用两段聚合：第一阶段保持较低转化率，这一阶段体系黏度较低，散热尚无困难，可在较大的反应器中进行；第二阶段转化率和黏度较高，可进行薄层聚合或在特殊设计的反应器内聚合。

本实训是以甲基丙烯酸甲酯（MMA）进行本体聚合，生产有机玻璃棒。聚甲基丙烯酸甲酯（PMMA）由于有庞大的侧基存在，为无定形固体，具有高度透明性，相对密度小，有一定的耐冲击强度与良好的低温性能，是航空工业与光学仪器制造工业的重要原料。以 MMA 进行本体聚合时为了解决散热问题，避免自动加速作用而引起的爆聚现象，以及单体转化为聚合物时由于相对密度不同而引起的体积收缩问题，工业上采用高温预聚合，预聚至约 10% 转化率的黏稠浆液，然后分段升温聚合，再在低温下缓慢聚合使转化率达到 93%～95%，最后在 100℃下高温聚合至反应完全。过氧化二苯甲酰（BPO）为引发剂，易产生苯甲酰氧自由基还能引发单体聚合，其反应机理如下。

链引发：

$$\text{Ph-C(O)-O-O-C(O)-Ph} \longrightarrow 2\,\text{Ph-C(O)-O}\cdot \longrightarrow 2\,\text{Ph}\cdot + CO_2$$

$$\text{Ph-C(O)-O}\cdot + CH_2=C(CH_3)(COOCH_3) \longrightarrow \text{Ph-C(O)-O-CH}_2\text{-C}\cdot(CH_3)(COOCH_3)$$

$$\text{Ph}\cdot + CH_2=C(CH_3)(COOCH_3) \longrightarrow \text{Ph-CH}_2\text{-C}\cdot(CH_3)(COOCH_3)$$

链增长：

$$\text{Ph-C(O)-O-CH}_2\text{-C}\cdot(CH_3)(COOCH_3) + CH_2=C(CH_3)(COOCH_3) \longrightarrow$$

$$\text{Ph-C(O)-O-CH}_2\text{-C}(CH_3)(COOCH_3)\text{-CH}_2\text{-C}\cdot(CH_3)(COOCH_3) \longrightarrow \cdots$$

链终止：

$$2\,\sim CH_2\text{-}C\cdot(CH_3)(COOCH_3)$$

偶合终止 → $\sim CH_2\text{-}C(CH_3)(COOCH_3)\text{-}C(CH_3)(COOCH_3)\text{-}CH_2\sim$

歧化终止 → $\sim CH_2\text{-}CH(CH_3)(COOCH_3) + \sim CH_2\text{-}C(CH_2)(COOCH_3)$

三、实训仪器和试剂

仪器： 恒温水浴锅，试管，搅拌棒，温度计，试管夹，锥形瓶。
试剂： 甲基丙烯酸甲酯（MMA），过氧化二苯甲酰（BPO）。

四、实训步骤

1. 预聚合反应

在 50mL 锥形瓶中加入 20mL MMA 及单体质量分数为 0.1% 的 BPO，瓶口用胶塞盖上；用试管夹夹住瓶颈在 85～90℃ 的水浴中不断摇动，进行预聚合约 0.5h，注意观察体系的黏度变化，当体系黏度变大，但仍能顺利流动时，结束预聚合。

2. 浇注灌模

将以上制备的预聚液小心地分别灌入预先干燥的两支试管中，浇灌时注意防止锥形瓶外的水珠滴入。

3. 后聚合

将灌好预聚液的试管口塞上棉花团，放入 45～50℃ 的水浴中反应约 24h，注意控制温度不能太高，否则易使产物内部产生气泡。然后再升温至 100～105℃ 反应 2～3h，使单体转化完全完成聚合。

4. 取出

取出所得有机玻璃棒，观察其透明性，观察是否有气泡。

五、注意事项

（1）灌浆时预聚物中如有气泡应设法排出。

（2）高温聚合反应结束后，应自然降温至 40℃ 以下，再取出模具，以避免骤然降温造成模板和聚合物的破裂。

（3）过氧化二苯甲酰与偶氮二异丁腈都可以作为引发剂使用，二者的性质有一定差别，如表 4-1 所示，使用时要注意。

表 4-1　BPO 和 AIBN 比较

引发剂	BPO	AIBN
	(苯甲酰过氧化物结构式)	$(CH_3)_2-C-N=N-C-(CH_3)_2$，两端带 CN
分解速率常数/s^{-1}	$4.2×10^{-5}$（80℃）	$2.18×10^{-5}$（50℃）
分解活化能/(kJ/mol)	123.73	128.74
诱导分解性	有	无

六、思考题

（1）在合成有机玻璃棒时，采用预聚制浆的目的何在？

（2）经预聚合的浆液为何要在低温下聚合，然后再升温？试用自由基聚合机理解释。

（3）如果最后产物出现气泡，试分析其原因。

知识介绍

聚甲基丙烯酸甲酯（有机玻璃）

有机玻璃的数均分子量从几十万到一百万以上，密度为 $1.18g/cm^3$，为普通玻璃的一半；透射率很高，能透过普通光线 90%～92%，紫外线 73%～76%（普通玻璃只透过 0.6%）；除醇、烷烃之外，可溶于其他许多有机溶剂，并可溶于单体本身中；介电性能和力学性能良好，耐冲击，不易破碎，在低温下冲击强度变化很小。

有机玻璃的表面硬度不够高，耐磨性较差，在 -9℃ 以上开始变形，这些缺点影响了它的应用范围。有时在聚合过程中还会因体积收缩不均而出现波纹，或者因有气泡影响到光学性能。甲基丙烯酸甲酯与甲基丙烯酸、甲基丙烯酸丙烯酯等交联共聚，可提高耐热性和表面硬度。

有机玻璃可制成平板、管、棒状材料，可通过机械加工或挤出、注射、压制等成型方法制成各种制件，用于飞机的座舱盖、舷窗、坦克瞭望孔、光学透镜、电器仪表护罩外壳、风挡、大型建筑物天窗、指示牌及各种日用品。

聚甲基丙烯酸甲酯在 170℃ 开始分解，400℃ 全部降解，主要分解物为单体甲基丙烯酸甲酯，是可回收的有机玻璃制备单体。

项目三 丙烯酰胺的水溶液聚合

一、实训目的
(1) 掌握丙烯酰胺聚合机理，掌握聚合物沉淀技术和提纯方法。
(2) 掌握水溶液聚合机理，学习溶液聚合实验方法和操作技术。

二、实训原理
水溶液聚合是丙烯酰胺聚合反应的传统方法。在各种聚合反应方法中，该方法操作简单，产率高，易获得高分子量的聚合物，因此应用最为广泛，是生产聚丙烯酰胺的主要技术。

1. 链引发
用引发剂引发时，链引发包括两步反应。
(1) 引发剂I均裂，形成一对初级自由基R·，K_d是引发剂分解的速率常数。

$$I \xrightarrow{K_d} 2R·$$

(2) 初级自由基与单体加成，生成单体自由基，K_i是引发速率常数。

$$R· + CH_2=CH(CONH_2) \xrightarrow{K_i} R-CH_2-CH·(CONH_2)$$

单体自由基形成以后，继续与其他单体加聚，就进入链增长阶段。

2. 链增长
链引发产生的单体自由基不断地和单体分子结合生成链自由基，如此反复的过程称为链增长反应：

$$R-CH_2-CH·(CONH_2) + CH_2=CH(CONH_2) \xrightarrow{K_p}$$
$$R-CH_2-CH(CONH_2)-CH_2-CH·(CONH_2) \rightarrow \cdots \cdots$$

K_p是链增长速率常数。

3. 链终止
链自由基失去活性形成稳定聚合物分子的反应为链终止反应。链终止和链增长是一对竞争反应。链终止与体系中自由基的浓度有关。要得到分子量足够高的产物，保持体系中低自由基浓度是非常重要的。

三、实训仪器和试剂
仪器：三口烧瓶，烧杯，球形冷凝管，温度计，电动搅拌器，量筒，移液管，电子天平，恒温水浴锅，干燥箱，玻璃棒等。

试剂：丙烯酰胺，过硫酸铵，亚硫酸氢钠，丙酮，蒸馏水。

四、实训步骤
(1) 检查实验仪器是否齐全，然后安装好仪器。
(2) 将15g蒸馏水加入三口烧瓶中，并将反应温度设置为70℃，准确称取质量为5g的丙烯酰胺单体，加入三口烧瓶中，开始搅拌。
(3) 待丙烯酰胺完全溶解之后，将溶解有0.1g引发剂的过硫酸铵溶解在5g蒸馏水中逐步加入到反应体系中，恒温搅拌反应1.5h，所得溶液为淡黄色或无色溶液。
(4) 反应结束后，取5mL反应液在30mL丙酮中进行沉淀，得到白色或微黄色沉淀物。
(5) 将上述步骤得到的白色或微黄色沉淀物置于表面皿上，在50℃下真空干燥至恒重，经过研磨得到白色粉末。

五、思考题
(1) 水溶液聚合法聚合机理是什么？
(2) 为了提高聚丙烯酰胺的分子量可采用哪些方法？
(3) 水溶液聚合方法的优缺点分别是什么？

项目四　高吸水性树脂——聚丙烯酸钠的制备

一、实训目的
(1) 通过自由基聚合反应和溶液聚合方法掌握高吸水性树脂的制备方法，了解合成高吸水性树脂的意义。
(2) 掌握交联聚合物的结构特征，掌握高吸水性树脂的吸水原理及影响因素，掌握一些基本的性能测试方法。

二、实训原理
高吸水性树脂的吸水作用主要是依靠树脂内部的三维空间网络结构，它的吸水过程是很复杂的。吸水前，高分子网络是固态网束，未电离成离子对。当高吸水性树脂吸水时，亲水基与水分子的水合作用使高分子网束扩展，产生网内外离子浓度差，使网络结构内外产生渗透压，水分子在渗透压的作用下向网络结构内渗透。当被吸附的水中含有盐时，离子浓度差减小，渗透压下降，吸水能力下降。由此可见，高分子网络结构中亲水基离子的存在是必不可少的，它起着扩张网的作用，同时产生渗透压，亲水离子对的存在是高吸水性树脂吸水的动力学因素。水分子进入网络后，由于网格的弹性约束，水分子的热运动受到限制，不易重新从网中逃逸。从热力学角度看，高吸水性树脂的自动吸水使得整体的自由能降低，直到平衡为止。如水从树脂中放出，则自由能升高，不利于体系稳定，这就是高吸水性树脂的保水性。总之，高吸水性树脂的吸水能力与亲水基离子和交联网络结构有关。亲水离子产生的渗透压是吸水的动力学因素，交联网状结构是吸水的结构因素。

对高吸水性树脂的性能表征有几个重要的指标，如吸水倍率、吸水速率、保水性能等，其中吸水倍率是最主要的性能，也是本实验中要测定的性能。本实验将利用溶液聚合的方法合成高吸水性树脂的主要品种——聚丙烯酸盐，并设计为一研究型实验。在实验过程中通过改变丙烯酸的中和度、交联剂的用量和引发剂的用量来反映影响树脂吸水倍率的主要因素。要求总结不同合成条件下的实验结果，综合分析高吸水性树脂结构与性能的关系。

三、实训仪器和试剂
仪器：恒温水浴锅，烧杯，温度计，表面皿，烘箱，铜网，瓷盘。
试剂：丙烯酸，过硫酸铵（APS），N,N-亚甲基双丙烯酰胺，10%氢氧化钠水溶液，10%氯化钠水溶液，实验分组配方见表 4-2。

表 4-2　实验分组配方

丙烯酸/g	中和度/%	交联剂/%	APS/g
5.0	25	0.05	0.1
5.0	25	0.1	0.1
5.0	25	0.2	0.1
5.0	50	0.05	0.1
5.0	50	0.2	0.1
5.0	50	0.2	0.05
5.0	75	0.05	0.1
5.0	75	0.2	0.1
5.0	75	0.2	0.05
5.0	100	0.05	0.1
5.0	100	0.2	0.1
5.0	100	0.2	0.1

四、实训步骤

（1）在 100mL 烧杯中加入丙烯酸，用 10%氢氧化钠水溶液中和至不同中和度，之后按配方的量加入 0.05～0.2g N,N-亚甲基双丙烯酰胺，0.05～0.1g 过硫酸铵，再补加适量水（水的总量不超过 40g），搅拌溶解，用表面皿罩住烧杯。将烧杯放入 70℃水浴中静置聚合，待反应物完全形成凝胶后（2～3h）取出烧杯，将凝胶转移到瓷盘中，切割成碎片或薄片，置于 50℃烘箱中干燥至恒重，待用。

（2）将制得并干燥的高吸水性树脂研磨，用铜网筛分，取 40～60 目的树脂测定吸水倍率。将筛分后的树脂取 0.1～0.2g（m_1）放入 250mL 烧杯中，加入去离子水浸泡，至吸水平衡，用自然过滤法滤去水，称重（m_2），并计算吸水倍率。

（3）再用同样的方法将树脂置于 10%氯化钠水溶液中至吸水平衡，测定其吸水倍率，比较两种吸水倍率的不同。

吸水倍率 Q（膨胀度）是指 1g 树脂所吸收的液体的量，单位为 g/g 或倍，表示为：

$$Q=(m_2-m_1)/m_1$$

五、注意事项

（1）本实训为研究型实验，中和度、交联度和引发剂用量都为可选条件，同组的同学共享实验结果，并分析讨论不同配方对吸水倍率的影响。

（2）在中和过程中，氢氧化钠水溶液应滴加到丙烯酸中，使其缓慢放热。中和度用摩尔比计算。

（3）吸水平衡后的树脂自然过滤至不滴水即可称重。

六、思考题

（1）聚丙烯酸钠还可以用什么方法合成？本实训的合成方法有哪些优势？

（2）用本实训制备的不同配方的树脂分别吸收去离子水和含一定浓度电解质的水溶液，哪个吸收倍率高？为什么？

（3）通过实训数据分析影响高吸水性树脂吸水倍率的因素有哪些？

知识介绍

高吸水性树脂

高吸水性树脂是一种新型的功能高分子材料，它具有优异的吸水、保水功能，可吸收自身质量几千倍的水，最高可以达到 5300 倍，即使挤压也很难脱水，被称为"超级吸附剂"。

高吸水性树脂的种类很多，所用原料及工艺方法也各不相同，主要类型有聚丙烯酸酯类、聚乙烯醇类、乙酸乙烯共聚物类、聚氨酯类、聚环氧乙烷类、淀粉接枝共聚物类等，此外还有与橡胶共混的复合型吸水材料。在上述各种类型中，研究开发较多的为聚丙烯酸酯类。

高吸水性树脂是一种白色或浅黄色、无毒无味的中性小颗粒。它与海绵、纱布、脱脂棉等吸水材料的物理吸水性不同，是通过化学作用吸水的。所以树脂一旦吸水成为膨胀的凝胶体，即使在外力作用下也很难脱水，因此可用作农业、园林、苗木移植用保水剂。在蔬菜、花卉种植中，预先在土壤中撒千分之几的高吸水性树脂，可使蔬菜长势旺盛，增加产量。在植树造林中，各种苗木移植期间往往因为保管不善而干枯死亡，如果将刚出土的苗木用高吸水性树脂的水凝胶液进行保水处理，其成活率可显著提高。

高吸水性树脂除具有吸水量高、保水性好、吸水快、无毒副作用等特点外，其最突出的特点是它与苯、甲苯、三氯甲烷、乙酸等化学试剂混合时，可使试剂脱水，却不与试剂发生化学反应。它吸收试剂中的水分后,变成一种凝胶状的物质。如果把吸足水分的保水剂分离出来,烘干后可重复使用。高吸水性树脂用于化工生产,可大大提高各种化学试剂的浓度、纯度和产品的质量。它可以取代化工生产中的精馏塔,从根本上改革生产工艺,大大降低了生产成本。

高吸水性树脂可以做成吸血纸,代替医用药棉,还可加工成女性卫生巾、婴幼儿纸尿布、纸手帕以及纸餐巾等。此外,高吸水性树脂还可用作木工建筑工程中的淤泥干燥剂、室内空气芳香剂,蔬菜、水果、香烟的保鲜剂、防霉剂,其他工业上的油水分离剂、阻燃剂、防水剂、防潮剂、固化剂以及吸水后体积膨胀的儿童玩具等。

项目五 苯乙烯的悬浮聚合

一、实训目的
(1) 学习苯乙烯悬浮聚合的实验方法,了解悬浮聚合的配方及各组分的作用。
(2) 了解控制粒径的成珠条件及不同类型悬浮剂的分散机理、搅拌速度、搅拌器形状对悬浮聚合物粒径等的影响,并观察单体在聚合过程中的演变。

二、实训原理
悬浮聚合是将单体以微珠形式分散于介质中进行的聚合。从动力学的观点看,悬浮聚合与本体聚合完全一样,每一个微珠相当于一个小的本体。悬浮聚合克服了本体聚合中散热困难的问题,但因珠粒表面附有分散剂,使纯度降低。当微珠聚合到一定程度,珠子内粒度迅速增大,珠与珠之间很容易碰撞黏结,因此必须加入适量分散剂,并选择适当的搅拌器与搅拌速度。由于分散剂的作用机理不同,在选择分散剂的种类和确定分散剂用量时,要随聚合物种类和颗粒要求而定,如颗粒的大小、形状,树脂的透明性和成膜性等,同时也要注意合适的搅拌强度和转速,水与单体比等。

苯乙烯通过聚合反应生成如下聚合物。反应式如下:

$$n\text{CH}_2{=}\text{CH}{-}\text{C}_6\text{H}_5 \longrightarrow {-}[\text{CH}_2{-}\text{CH}(\text{C}_6\text{H}_5)]_n{-}$$

本实验要求聚合物具有一定的粒度。粒度的大小通过调节悬浮聚合的条件来实现。

三、实训仪器和试剂
仪器:电动搅拌器,恒温水浴锅,三口烧瓶,回流冷凝管,烧杯,吸滤瓶,抽气管,表面皿等。

试剂:苯乙烯(ST),过氧化二苯甲酰(BPO),聚乙烯醇(PVA),蒸馏水。

四、实训步骤
(1) 在装有搅拌器、冷凝管、温度计的三口烧瓶中依次加入2g聚乙烯醇和150mL蒸馏水,在80℃左右水浴中溶解至澄清透明。

(2) 降低PVA溶液温度至65℃,根据实验要求将0.3g BPO在20mL单体苯乙烯中搅拌至全溶,然后缓慢加入到上述PVA溶液中,加料完毕后升温至70℃。

(3) 小心调节搅拌速度,观察单体液滴大小,调至合适液滴大小后,保持搅拌速度恒定,将反应温度升至(78±2)℃。

(4) 反应约1.5h后,用滴管吸取少量珠状物,冷却后观察是否变硬,若变硬,可减慢或停止搅拌,若珠状物全部沉积,可在缓慢搅拌下升温至85℃继续反应1h,以使单体反应完全。半小时后升温至(95±1)℃,保温反应0.5h,然后升温至98℃以上老化反应1h,停止搅拌。

(5) 停止反应,将生成物倒入1000mL大烧杯中,用沸水洗珠体5次,以除去珠体表面的分散剂，真空抽滤，把滤干珠体均匀摊在表面皿上，置于100～105℃烘箱中烘干1h，观察聚合物珠粒形状。称重，计算产率。

五、注意事项

（1）反应时搅拌要快、均匀，使单体能形成良好的珠状液滴。

（2）（80±1）℃保温阶段是实验成败的关键阶段，此时聚合热逐渐放出，油滴开始变黏，易发生粘连，需密切注意温度和转速的变化。

（3）如果聚合过程中发生停电或聚合物沾在搅拌棒上等异常现象，应及时降温终止反应并倾出反应物，以免造成仪器报废。

六、思考题

（1）结合悬浮聚合理论，说明配方中各组分的作用。如改为苯乙烯的本体聚合或乳液聚合，此配方需做哪些改动？为什么？

（2）如何控制聚合物粒度？

（3）分散剂的作用原理是什么？如何确定用量，改变用量会产生什么影响？如不用聚乙烯醇可用什么代替？

（4）聚合过程中油状单体变成黏稠状，最后变成硬的粒子的现象如何解释？

项目六　苯丙乳液聚合

一、实训目的

（1）通过苯丙乳液的合成掌握乳液聚合的特点、配方组成及各组分的作用。

（2）掌握苯丙乳液的制备方法及用途，熟悉核壳乳液、种子乳液等一些基本概念，熟悉乳液性能检测方法等。

二、实训原理

单体在水相介质中，由乳化剂分散成乳液状态进行的聚合，称为乳液聚合。其主要成分是单体、水、引发剂和乳化剂。引发剂常采用水溶性引发剂。乳化剂是乳液聚合的重要组分，它可以使互不相溶的油-水两相，转变为相当稳定难以分层的乳浊液。乳化剂分子一般由亲水的极性基团和疏水的非极性基团构成，根据极性基团的性质可以将乳化剂分为阳离子型乳化剂、阴离子型乳化剂、两性乳化剂和非离子型乳化剂四类。当乳化剂分子在水相中达到一定浓度，即到达临界胶束浓度（CMC）值后，体系开始出现胶束。胶束是乳液聚合的主要场所，发生聚合后的胶束称为乳胶粒。随着反应的进行，乳胶粒数不断增加，胶束消失，乳胶粒数恒定，由单体液滴提供单体在乳胶粒内进行反应。此时，由于乳胶粒内单体浓度恒定，聚合速率恒定。到单体液滴消失后，随乳胶粒内单体浓度的减小而速率下降。

乳液聚合的反应机理不同于一般的自由基聚合，其聚合速率及聚合度可表示如下：

$$R_p = \frac{10^3 N K_p [M]}{2 N_A}$$

$$\overline{X}_n = \frac{N K_p [M]}{R_t}$$

式中，N 为乳胶粒数；N_A 是阿伏伽德罗常数。由此可见，聚合速率与引发速率无关，而取决于乳胶粒数。乳胶粒数的多少与乳化剂浓度有关。增加乳化剂浓度，即增加乳胶粒数，可以同时提高聚合速度和分子量。而在本体、溶液和悬浮聚合中，使聚合速率提高的一些因素，往往使分子量降低。所以乳液聚合具有聚合速率快、分子量高的优点。乳液聚合在工业生产中的应用也非常广泛。

苯丙乳液是由苯乙烯、丙烯酸酯类等单体共聚得到的乳液。以苯丙乳液为主要成膜物质的涂料，有良好的耐热性、保色性、耐腐蚀性等，且无毒、无污染，是一种环保型涂料。随着社会的发展，苯丙乳液在国际上的发展越来越快，特别是在美国、日本、欧盟的发展已经到了一个非常成熟的地步，在国内的发展也开始变得日趋成熟。苯丙乳液作为一类重要的中间化工产品，有着非常广泛的用途，现主要用作建筑涂料、金属表面乳胶涂料、地面涂料、纸张黏合剂、胶黏剂等，有很大的实用价值。

1. 链引发

$$NH_4^+{}^-O-S(=O)(=O)-O-O-S(=O)(=O)-O^-{}^+NH_4 \longrightarrow 2\ NH_4^+{}^-O-S(=O)(=O)-O \cdot$$

$$NH_4^+{}^-O-S(=O)(=O)-O \cdot + CH_2=CH(COOR) \longrightarrow NH_4^+{}^-O-S(=O)(=O)-O-CH_2-\overset{\cdot}{C}H(COOR)$$

2. 链增长

$$NH_4^+{}^-O-S(=O)(=O)-O-CH_2-\overset{\cdot}{C}H(COOR) + nCH_2=CH(COOR) \longrightarrow$$

$$NH_4^+{}^-O-S(=O)(=O)-O\text{-}[CH_2-CH(COOR)]_n\text{-}CH_2-\overset{\cdot}{C}H(COOR)$$

3. 链终止

$$\sim CH_2-\overset{\cdot}{C}H(COOR) + \overset{\cdot}{C}H(COOR)-CH_2\sim \xrightarrow{\text{偶合}} \sim CH_2-CH(ROOC)-CH(COOR)-CH_2 \sim$$

$$\xrightarrow{\text{歧化}} \sim CH_2-CH_2(COOR) + \sim CH=CH(COOR)$$

三、实训仪器和试剂

仪器：四口烧瓶，滴液漏斗（125mL），球形冷凝管，温度计，电动搅拌器，表面皿，烘箱，恒温水浴锅。

试剂：苯乙烯（ST），丙烯酸丁酯（BA），丙烯酸（AA），十二烷基硫酸钠（SDS），烷基酚聚氧乙烯醚（OP-10），过硫酸钾（KPS），蒸馏水，以上试剂均为分析纯。

四、实训步骤

（1）装置安装。

（2）壳单体预乳化　将 0.1g 乳化剂 SDS、0.1g 非离子乳化剂 OP-10 和 20mL 蒸馏水加入带有搅拌器的四口烧瓶中，在 45℃ 的水浴中反应。30min 内在搅拌情况下均匀加入 4g BA 和 1g AA，得到的预乳化液备用。

（3）核种子乳液聚合　将 0.1g 引发剂 KPS、2g ST、20mL 蒸馏水和 0.1g 乳化剂 SDS 加入装有滴液漏斗、温度计、搅拌器、回流冷凝管的四口烧瓶中，水浴升温至 80℃ 开始反应。当体系中出现蓝色荧光，慢慢将剩余的 3g ST 单体均匀滴加到反应器中，60min 内加完，最后补加适量的引发剂溶液（过硫酸铵和过硫酸钾等量混合而成的水溶液），得到的白色乳液即为核种子乳液。

（4）壳乳液聚合　将上述核种子乳液降温至50℃，加入1/3壳单体预乳化液，溶胀15min后升温至80℃，将剩余的壳单体预乳化液在60min内连续缓慢滴入四口烧瓶中，滴完后保温30min，随后升温至90℃，再保温45min，最后降温至60℃，用氨水调节pH值，过滤即得所需苯丙乳液。

（5）撤掉水浴，自然冷却到40℃，停止搅拌，出料。

（6）测含固量　取2g乳浊液（精确到0.002g）置于烘至恒重的表面皿上，放于100℃烘箱中烘至恒重（约4h），计算含固量。

$$含固量 = \frac{干燥后样品质量}{干燥前样品质量} \times 100\%$$

$$转化率 = \frac{含固量 \times 产品量 - 聚乙烯醇质量}{单位质量} \times 100\%$$

五、注意事项

（1）按要求严格控制滴加速度，如果开始阶段滴加过快，乳液中会出现块状物，导致实验失败。

（2）严格控制搅拌速度，否则将使料液乳化不完全。

（3）滴加单体时，温度控制在（70±1）℃，温度过高会使单体损失。

六、思考题

（1）比较乳液聚合、溶液聚合、悬浮聚合和本体聚合的特点及其优缺点。

（2）在乳液聚合过程中，乳化剂的作用是什么？

（3）本实训操作应注意哪些问题？

知识介绍

乳液聚合的工业应用

乳液聚合已成为高分子科学和技术研究的重要领域，是生产高聚物的重要方法之一。许多高分子材料，如合成塑料、合成橡胶、合成纤维、胶黏剂、涂料、抗冲击共聚物以及其他许多特殊用途的合成材料等，大都是采用乳液聚合方法生产的，乳液聚合法生产的合成橡胶占合成橡胶总产量的65%以上。

与其他聚合方法相比，乳液聚合法具有许多优点，所得聚合乳液可以在一些情况下直接使用。水是最廉价的介质，成本低，又没有燃烧爆炸的危险，环境污染小，所用的设备及生产工艺条件简单，操作方便。同时由乳液聚合方法生产的胶乳中的乳胶粒直径很小，一般为0.05～1μm，它们可以部分地渗入被处理物体的微观裂缝中去，这样可以达到良好的黏结和涂覆的效果。

随着乳液聚合理论及技术的进一步发展，人们对乳液聚合过程的认识日益深入，逐步了解到乳液体系中不仅可进行烯类单体的自由基聚合，而且可以进行离子型聚合；既可用水作介质，也可用其他液体作介质；使用不同的分散手段，就可以在乳液聚合过程中不使用乳化剂，或基本上在单体液滴中发生聚合；利用各种乳液聚合工艺，还可以制备如核壳、多孔、中空、半月形等多种形态的聚合物乳胶粒。人们利用乳液聚合可以成功地控制聚合物乳胶粒的粒径和形态，以及对传统乳胶粒的功能化，这是乳液聚合高科技化的重要标志。不同分子量、不同粒径、不同结构形态、不同功能基团以及单分散的聚合物微球，在许多高新领域中具有广阔的应用前景，发达国家已有很多聚合物微球的产品问世，聚合物微球在电子工业、生物医药、分析化学、聚合物载体、光学材料、高档涂料和油墨、航空航天等领域的应用越来越成为被关注的热点。

项目七 乙酸乙烯酯溶液聚合及聚合物的醇解反应

一、实训目的
（1）了解溶液聚合的基本原理及乙酸乙烯酯的溶液聚合过程。
（2）掌握溶液聚合实验技术，熟悉聚合物的醇解原理及聚乙烯醇的制备。
（3）加深对高分子化学反应的理解。

二、实训原理
与本体聚合相比，溶液聚合有散热与搅拌容易的特点。它是把引发剂、单体溶于适当的溶剂中成为均相体系，然后加热聚合。聚合时靠溶剂回流带走聚合热，使聚合温度保持平稳，因体系中聚合物浓度较低，因而容易调节产品的分子量分布以及结构状态。但由于溶剂的引入，大分子自由基与溶剂发生链转移反应，使聚合物分子量降低。溶剂还可能影响聚合过程的分子构型，提高或降低聚合物的立构规整度。由于单体浓度被溶剂所稀释，聚合较缓慢，并且需要增加溶剂回收及产品纯化工序。目前，溶液聚合广泛应用于可直接使用高分子溶液的工业领域，如涂料、胶黏剂、合成纤维、功能高分子等，需要进一步进行化学反应的高分子也常常通过溶液聚合来制备。聚乙烯醇是工业上常用的高分子化合物，它是制造纤维、胶黏剂等的重要原料。由于乙烯醇单体不稳定，聚乙烯醇需由乙酸乙烯酯聚合物经高分子化学反应而得。如通过溶液聚合制备聚乙酸乙烯酯溶液，然后进一步醇解制得聚乙烯醇：

$$\mathrm{\{CH_2-CH\}_n \longrightarrow \{CH_2-CH\}_n}$$
$$\quad\quad\quad\ |\quad\quad\quad\quad\quad\quad |$$
$$\quad\quad\quad\ \mathrm{O}\quad\quad\quad\quad\quad\quad \mathrm{OH}$$
$$\quad\quad\quad\ |$$
$$\quad\quad\ \mathrm{COCH_3}$$

本实验以乙醇为溶剂先制备聚乙酸乙烯酯，再让聚乙酸乙烯酯在碱催化下醇解，制得聚乙烯醇。

三、实训仪器和试剂
仪器：四口烧瓶，回流冷凝管，搅拌器，温度计，恒温水浴锅，滴液漏斗，量筒，布氏漏斗，减压干燥系统。

试剂：乙酸乙烯酯，无水乙醇，过氧化二苯甲酰，硫脲，氢氧化钠。

四、实训步骤
1. 溶液聚合

在装有温度计、回流冷凝管、搅拌器及氮气导管的四口烧瓶中加入 50g 乙酸乙烯酯，15mL 无水乙醇，0.2g 过氧化二苯甲酰。通氮气，水浴加热，回流搅拌，在 70℃ 左右反应 3h 后，加入 1mL 硫脲-乙醇溶液使反应终止，得到透明的黏状物。加入乙醇配成 26% 的溶液，搅匀后，取聚合物溶液 3～4g 在加热下待大部分溶剂挥发后，置于真空烘箱中烘干，计算转化率。同时，用蒸气蒸馏法（乙醇作蒸气）除去未反应的单体。

2. 聚合物的醇解

（1）将氢氧化钠-乙醇溶液（10g NaOH 溶于 100mL 乙醇）置于 250mL 四口烧瓶中，装上搅拌器、回流冷凝管、滴液漏斗、温度计，并将烧瓶放入 20℃ 的恒温水浴锅中。

（2）将上述制得的聚乙酸乙烯酯溶液 40g，通过滴液漏斗加入烧瓶中（约 40min 加完）。

（3）滴完后继续反应 2h，冷却至室温，用布氏漏斗过滤并用乙醇充分洗涤，于 50～60℃ 下减压干燥，即得白色聚乙烯醇，称重测醇解度。

五、注意事项
（1）反应后期聚合物黏稠，搅拌阻力大，可加入少量乙醇。

(2) 生成的聚乙烯醇有时会发黄，这是因为使用的聚乙酸乙烯酯原料中含有较多未反应的单体所致。

(3) 醇解度是指已醇解的乙酸根的物质的量与醇解前分子链上全部乙酸根的物质的量的百分比。其测定方法如下：在分析天平上准确称取 18g 左右的聚乙烯醇，置于 500mL 锥形瓶中，倒入 200mL 蒸馏水，装上回流冷凝管。用水浴加热，使样品全部溶解，冷却，用少量蒸馏水冲洗锥形瓶内壁。加入几滴酚酞指示剂，用滴管滴加 0.01mol/L 的氢氧化钠-乙醇溶液中和至微红色。加入 25mL 0.5mol/L 氢氧化钠水溶液，在水浴上回流 1h，冷却，用 0.5mol/L 的盐酸滴定至无色。同时做空白试验。滴定出的乙酸物质的量为 $(V_2-V_1)c$，其中 V_1 为空白试验所消耗的盐酸毫升数，V_2 为试样所消耗的盐酸毫升数，c 为盐酸标准溶液的物质的量浓度。由此可求出滴定出的乙酸量在 Wg 聚乙烯醇中所占的质量分数 Q：

$$Q = \frac{(V_2-V_1)c \times 60}{1000W} \times 100\%$$

根据醇解度的定义可以导出醇解度的公式：

$$醇解度 = \left(1 - \frac{44Q}{60 \times 100 - 42Q}\right) \times 100\%$$

六、思考题

(1) 简述溶液聚合的优缺点。
(2) 写出以氢氧化钠为催化剂使聚乙酸乙烯酯醇解的反应方程式。
(3) 醇解反应过程中溶液有什么变化？
(4) 聚乙烯醇一般在低温下减压干燥，若在高温下减压干燥，会有什么反应发生？对聚合物的性质有何影响？

知识介绍

高分子新材料

用外力作用于一种材料，在材料表面诱导产生电荷的现象就简称为压电效应。一般压电效应是一种可逆的过程，即当材料受到电流作用时，材料也会产生形变能。

聚氯乙烯、有机玻璃、聚碳酸酯以及木材纤维素、腱胶原和各种聚氨基酸都是常见的高分子压电性材料，但是其压电率太低，而没有使用价值。1969 年，Kawai 发现聚偏氟乙烯有较强的压电效应同时具有较优良的热电效应，由此揭开了功能性高分子材料的研究序幕。由于聚偏氟乙烯（PVDF）的压电性能，由它做出的话筒结构与耳机相同，失真小、音质好、稳定性高。

压电率的大小取决于分子中含有的偶极子的排列方向是否一致。除了含有较大偶极矩的 C—F 键的聚偏氟乙烯化合物外，许多含有其他强极性键的聚合物也表现出压电特性。如亚乙烯基二氰与乙酸乙烯酯、异丁烯、甲基丙烯酸甲酯、苯甲酸乙烯酯等的共聚物，均表现出较强的压电特性，而且高温稳定性较好，主要作为换能材料使用，如音响元件和控制位移元件的制备。前者比较常见的例子是超声波诊断仪的探头、声呐、耳机、电话、血压计等装置中的换能部件。将两枚压电薄膜贴合在一起，分别施加相反的电压，薄膜将发生弯曲而构成位移控制元件。利用这一原理，压电薄膜可以制成光学纤维对准器件、自动开闭的帘幕、唱机和录像机的对准件。

近年来人们研制出许多具有压电效应和逆压电效应的聚合物材料，并将这些材料冠名为"人造肌肉"。世界各国的研究者们发起了一项挑战：看谁能够最先利用人造肌肉制造出机器人手臂，而且必须在与人的手臂的一对一掰手腕比赛中取胜。

项目八　酚醛树脂的制备

一、实训目的
（1）通过酚醛树脂的制备掌握缩聚反应的原理和基本特征。
（2）掌握酚醛树脂的制备方法，了解催化剂、温度等条件对树脂性能的影响。

二、实训原理
具有双官能团或多官能团的单体通过缩合反应，彼此连接在一起，同时生成小分子副产物，生成长链高分子的反应称为缩聚。缩聚反应分为线型缩聚和体型缩聚，应用缩聚反应可以制备许多高分子材料，如尼龙、聚酯、酚醛树脂、脲醛树脂等。

酚醛树脂是一大类由酚类和醛类在碱性或酸性条件下，经缩聚反应所得到的树脂，早在 1909 年就已工业化，其模塑粉称为"电木粉"，虽然是老牌产品，但性能良好，且价格低廉，因此产量很大。合成酚醛树脂使用的酚类最常用的为苯酚，醛类则以甲醛较常使用，此外还可使用糠醛。酚与甲醛的反应，初期生成物因反应的 pH 值不同而不同，在酸性或碱性条件下，甲醛均会与酚发生反应生成具有缩合反应官能团的羟甲基苯酚。酸催化加强了甲醛向苯酚的进攻能力：

$$CH_2O + H^+ \longrightarrow H-\overset{OH}{\underset{H}{C^+}}$$

$$\underset{}{\text{PhOH}} + H-\overset{OH}{\underset{H}{C^+}} \longrightarrow \underset{}{\text{o-HOC}_6\text{H}_4\text{CH}_2\text{OH}} + H^+$$

碱催化加强了甲醛进攻能力：

$$\text{PhOH} + OH^- \rightleftharpoons \text{PhO}^- + H_2O$$

$$\text{PhO}^- + CH_2O \rightleftharpoons \text{o-}^-\text{OC}_6\text{H}_4\text{CH}_2\text{OH} \xrightarrow{H_2O} \text{o-HOC}_6\text{H}_4\text{CH}_2\text{OH} + OH^-$$

一般而言，碱性条件下有利于羟甲基化合物的生成，而酸性条件下则易生成亚甲基化合物。酚醛树脂由于合成条件及树脂用途不同可分为热固性酚醛树脂和热塑性酚醛树脂。本实训通过碱催化合成热固性酚醛树脂。

1. 甲阶（段）树脂
苯酚和甲醛反应先形成简单的酚醇：

$$\text{PhOH} + CH_2O \xrightarrow{OH^-} \text{o-HOC}_6\text{H}_4\text{CH}_2\text{OH}$$

$$2\ \text{o-HOC}_6\text{H}_4\text{CH}_2\text{OH} \xrightarrow[-H_2O]{OH^-} \text{HOC}_6\text{H}_3(\text{CH}_2)\text{-CH}_2\text{-C}_6\text{H}_3(\text{OH})\text{CH}_2\text{OH} +$$

这个酚醇混合物可能是液体、半固体或固体。可溶于碱性水溶液、乙醇及丙酮等溶剂的酚醛树脂,称为可熔(溶)性酚醛树脂。

2. 乙阶(段)树脂

甲阶树脂继续加热就成为乙阶树脂,它是固体,在丙酮中不能溶解而能溶胀。酚已充分发挥三官能团作用,热塑性较差,亦称半熔酚醛树脂。

3. 丙阶(段)树脂

继续加热乙阶树脂则变成网状结构的丙阶树脂,这种树脂为固体,不溶于有机溶剂,也不熔化,失去热塑性及可溶性,亦称不熔酚醛树脂。

酚醛树脂随着苯酚与甲醛摩尔比的不同具有不同的用途,其范围如表4-3所示。

表4-3 不同酚醛摩尔比产品用途

甲醛/酚	用途	甲醛/酚	用途
1.0~2.0	黏合剂	1.5~2.5	注塑品
1.0~2.0	涂料	1.1~1.5	成型材料
1.5~2.5	水溶性黏合剂	1.1~1.5	压制品

三、实训仪器和试剂

仪器:四口烧瓶,回流冷凝管,电动搅拌器,温度计,恒温水浴锅,烧杯,真空循环水泵。

试剂:苯酚,甲醛水溶液,$Ba(OH)_2 \cdot 8H_2O$,10%硫酸溶液。

四、实训步骤

(1) 在四口烧瓶中加入47g苯酚,60g 37%的甲醛水溶液及4.7g $Ba(OH)_2 \cdot 8H_2O$,搅拌升温至70~80℃,并保温2h。

(2) 加入10%硫酸溶液调pH值为6~7,停止搅拌。

(3) 装上减压蒸馏装置,开始减压蒸馏,在60~70℃下加热脱水。每隔20min,中断蒸馏,测其黏着性。

(4) 继续减压浓缩,并每隔10min取出少量反应液。如果样品固化不发黏,便中止反应。

(5) 趁热将反应液倾入烧杯中,即可固化为可熔可溶的酚醛树脂。

五、思考题

(1) 酚醛树脂有哪些用途?

(2) 苯酚与甲醛在碱性条件下的反应机理是什么？用方程式表示。
(3) 热固性酚醛树脂与热塑性酚醛树脂有哪些不同点？

知识介绍

酚醛树脂发展史

1872年德国化学家拜耳（A. Bayer）首先发现酚与醛在酸的存在下，可以缩合得到结晶物或无定形的树脂状产物，但当时对这种树脂状产物很少研究。接着化学家克莱堡（W. Kleeberg，1891年）和史密斯（A. Smith，1899年）深入研究了苯酚与甲醛的缩合反应。克莱堡研究甲醛与多元酚在五倍子酸存在下生成结晶形化合物，史密斯则认为苯酚与甲醛缩合反应可得到某种成型性化合物，并使反应由原来过分激烈而趋于平稳控制，得到片状或板状硬化物，通过切削加工成各种形状的制品。但由于在溶剂蒸发中易引起不规则收缩使制件变形，而无法达到实际应用的目的。进入20世纪后，各国化学家对苯酚-甲醛缩合反应越来越感兴趣。1902年L. Blumer推出名为Laccain的苯酚-甲醛树脂，但树脂易碎，固化过程放出水等挥发物，使制品出现多孔、鼓泡等问题而无实用价值。直到1905~1907年，比利时裔的美国科学家巴克兰（Backeland）对酚醛树脂进行了系统而广泛的研究，于1910年提出了关于酚醛树脂"加压、加热"固化专利，解决了关键的问题，成功地确立了通过"缩合反应"，即在施加高压的情况下，使预聚物发生固化的技术。并采用木粉或其他填料克服树脂性脆的缺点，获得具有实用价值的酚醛塑料。至此，酚醛树脂开始进入实用化阶段。

1911年艾尔斯沃恩（Aylesworth）发现应用六亚甲基四胺（乌洛托品）可使当时认为仅具有永久可溶可熔性质的清漆树脂转变为不溶不熔的产物，因加六亚甲基四胺变定后的制品电绝缘性能优良，因此为酚醛树脂用在电器工业部门上作绝缘零部件开辟了广阔的前景。1913年德国科学家阿尔贝特（K. Albert）发明了在苯酚甲醛酸性缩合物中加入松香，然后加热熔融而溶于松节油、植物油中的所谓油溶性酚醛树脂的制造方法，开辟了在涂料工业中应用的新领域。

几十年来的不断努力使酚醛树脂的研究获得了巨大的进展。迄今为止，酚醛树脂已经在制造模塑料、层压塑料、泡沫塑料、蜂窝塑料、复合材料、油漆、胶黏剂、离子交换树脂、感光树脂等诸多领域中具有重要位置，成为十分重要的热固性树脂品种，而且，随着新的应用领域的开拓必将使其得到更多的发展。

项目九　脲醛树脂胶黏剂的制备

一、实训目的
(1) 了解脲醛树脂聚合机理，通过本实训掌握脲醛树脂及胶黏剂的制备方法。
(2) 熟悉脲醛树脂胶黏剂复配、性能检测方法。

二、实训原理
脲醛树脂是由尿素和甲醛经缩合反应制得的热固性树脂。

1. 加成反应
生成多种羟甲基脲的混合物。

$$HOCH_2NH-CO-NH_2 + HOCH_2NH-CO-NHCH_2OH \xrightarrow{-H_2O} HOCH_2N(CO-NH_2)-CH_2-NH-CO-NHCH_2OH$$

2. 缩合反应

$$NH_2CNH_2 + H-C-H \longrightarrow HOCH_2NH-C-NH_2 \text{ 或 } HOCH_2NH-C-NHCH_2OH$$
$$\underset{O}{} \quad \underset{O}{} \quad \underset{O}{} \text{一羟甲基脲} \quad \underset{O}{} \text{二羟甲基脲}$$

也可以在羟甲基与羟甲基间脱水缩合：

$$\begin{array}{c} HOCH_2NH \\ C=O \\ NH_2 \end{array} + \begin{array}{c} HOCH_2NH \\ C=O \\ NHCH_2OH \end{array} \xrightarrow{-H_2O} \begin{array}{c} HN-H_2C-O-CH_2-NH \\ C=O \quad\quad C=O \\ NH_2 \quad\quad NHCH_2OH \end{array}$$

$$\xrightarrow{-CH_2O} \begin{array}{c} HN-CH_2-NH \\ C=O \quad C=O \\ NH_2 \quad NHCH_2OH \end{array}$$

此外，还有甲醛与亚氨基间的缩合均可生成低分子量的线型脲醛树脂和低交联度的脲醛树脂：

$$\begin{array}{c} -NH-CH_2- \\ -NH-CH_2- \end{array} + H-C-H \xrightarrow{-H_2O} \begin{array}{c} -N-CH_2 \\ CH_2 \\ -N-CH_2 \end{array}$$

脲醛树脂的结构尚未完全确定，可认为其分子主链上还有以下的结构：

$$\begin{array}{c} HN-CH_2-N-CH_2-N-CH_2-N \\ CO \quad CO \quad CO \quad CO \\ NHCH_2OH \quad NH_2 \quad NH_2 \quad NHCH_2OH \end{array}$$

上述中间产物中含有易溶于水的羟甲基，可作胶黏剂使用，当进一步加热，或者在固化剂作用下，羟甲基与氨基进一步缩合交联成复杂的网状体型结构。

$$\begin{array}{c} -H_2C-N-CH_2- \\ -N-CH_2-N-CH_2-N-CH_2-O-N- \\ CO \quad\quad CO \quad\quad\quad CO \\ -N-CH_2-N-CH_2-N-CH_2OH \end{array}$$

三、实训仪器和试剂

仪器：电动搅拌器，恒温水浴锅，三口烧瓶，球形冷凝管，量筒，温度计。

试剂：甲醛，尿素，10%氢氧化钠水溶液，氨水，10%甲酸水溶液。

四、实训步骤

（1）在 250mL 三口烧瓶上分别安装电动搅拌器、温度计、球形冷凝器，实验装置与苯乙烯悬浮聚合相同。

（2）用 100mL 量筒量取甲醛水溶液 60mL，加入三口烧瓶中，开动搅拌器同时用水浴缓慢加热，然后用 10% NaOH 水溶液调节甲醛水溶液的 pH 值介于 8~8.5 之间。

（3）分别称取尿素三份，质量分别是 11.2g、5.6g、5.6g，先将 11.2g 尿素加入三口烧瓶中，搅拌至溶解，温度升高到 60℃时，开始计时，不断调整反应体系的 pH 值，使之保持在 8.5 左右，保温反应 2~3h。

（4）升温至 80℃加入 5.6g 尿素，用 10%甲酸水溶液小心调节反应体系的 pH 值，使之介于 5.4~6.0 之间，继续反应 1~1.5h，在此过程中不断地用胶头滴管吸取少量脲醛胶液滴入冷水中，观察胶液在冷水中是否出现雾化现象。

(5) 出现雾化现象后，加入剩余的 5.6g 尿素，用氨水调节反应体系的 pH 值，使之介于 7.0~7.5 之间，在 80℃下继续反应直至在温水中出现雾化现象，在此过程中不断用胶头滴管吸取少量脲醛胶液滴入约 40℃ 的温水中，观察胶液在温水中是否还会出现雾化现象。

(6) 温水中出现雾化现象后，立即降温到 40℃ 左右，终止反应并用氨水调节脲醛胶液的 pH=7，再用 10% NaOH 调节 pH 值为 8.5~9，正常情况下得到澄清透明的脲醛胶液。

五、注意事项

(1) 用甲酸溶液调节反应体系 pH 值时要十分小心，切忌酸度过大，因为缩合反应速率在 pH 值为 3~5 之间几乎正比于 H^+ 的浓度。

(2) 加聚反应中防止温度骤然变化，否则易造成胶液浑浊。

(3) 在此期间如发现黏度骤增，出现冻胶，应立即采取措施补救。出现这种情况的原因有：酸度太强（pH<4.0），升温太快，或温度超过 100℃。补救的方法是：使反应液降温；加入适量的甲醛溶液稀释树脂；从内部反应降温；加入适量的氢氧化钠水溶液；把 pH 值调到 7.0；酌情确定出料或继续加热反应。

(4) 检查脲醛树脂是否生成的常用方法如下。

① 用棒蘸点树脂，最后两滴迟迟不落，末尾略带丝状，并回缩到棒上，则表示已经成胶。

② 用吸管吸取少量树脂，滴入盛有清水的小烧杯中，如逐渐扩散成云雾状，并徐徐下沉，至底部并不生成沉淀，且水不浑浊则表示已经成胶。

③ 用手指蘸取少量树脂，两指不断相挨相离，在室温时，约 1min 内觉得有一些黏，则表示已成胶。

六、思考题

(1) 在脲醛树脂合成时，加尿素前为何要用氢氧化钠水溶液和氨水调 pH 值至 7~7.5？到终点后，为何要用氢氧化钠水溶液调 pH 值至 7~8？

(2) 在脲醛树脂合成时，影响产品的主要因素有哪些？

(3) 在脲醛树脂合成中，尿素和甲醛两种原料哪种对 pH 值影响更大？为什么？

(4) 如果脲醛胶液在三口烧瓶内发生了固化，试分析可能由哪些原因造成？

知识介绍

高分子新材料——塑料光导纤维

塑料光纤（plastic optical fiber，POF）研究始于 20 世纪 60 年代，具有轻而柔软、抗挠曲性能好、抗冲击强度高、价格便宜、抗辐照性能好、易加工并能制成大直径等一系列优点，所以备受青睐。1968 年美国杜邦公司用聚甲基丙烯酸甲酯为芯材制备出塑料光纤，但光损耗较大。近几年来，欧日等地区和国家的公司对塑料光纤的研制取得了重要的进展。他们研制成的塑料光纤，光损耗率已降到 9~25dB/km，其工作波长已扩展到 870μm，接近石英玻璃光纤的实用水平。美国研制的一种 PFX 塑料系列光纤，有着优异的抗辐照性能。此外，美国麻省波士顿光纤公司研制的 Opti-Giga 塑料光纤可在 100m 内以 3MB/s 的速度传输数据。这种光纤还可以利用光的折射或光在纤维内的跳跃方式来达到较高的传输速度。

目前选作塑料光纤芯材的有：聚甲基丙烯酸甲酯、聚苯乙烯、聚碳酸酯、氟化聚甲基丙烯酸酯和全氟树脂等。选作塑料光纤包层的有：聚甲基丙烯酸甲酯、氟塑料、硅树脂等。因为这些聚合物具有了下列优点：①透光性好，光学均匀、折射率调整便利等；②以单体存在时通过减压蒸馏方法就可以提纯；③形成光纤的能力强；④加工和化学稳定性好及价格便宜等。

POF 作为短距离通信网络的理想传输介质，在未来家庭智能化、办公自动化、工控网络化以及在车载机载通信网、军事通信网以及多媒体设备中的数据传输中具有重要的地位。

项目十　聚乙烯醇缩甲醛的制备

一、实训目的
(1) 通过 PVA 缩甲醛反应熟悉聚合物中特殊官能团之间的反应原理。
(2) 掌握聚乙烯醇缩甲醛的制备方法，熟悉白乳胶性能检测方法。

二、实训原理
聚乙烯醇缩甲醛是利用聚乙烯醇与甲醛在酸性条件下制得的，其反应式如下：

$$—CH—CH_2—CH—CH_2— + HCOH \xrightarrow{H^+} —CH—CH_2—CH—CH_2— + H_2O$$
$$||\phantom{— + HCOH \xrightarrow{H^+} —}OO$$
$$OHOH\phantom{— + HCOH \xrightarrow{H^+} —CH—CH_2—CH—}\backslash/$$
$$\phantom{— + HCOH \xrightarrow{H^+} —CH—CH_2—CH—CH_2— +}CH_2$$

由于概率效应，高分子链上的羟基未必能全部进行缩醛化反应，会有一部分羟基残留下来。为了定量表示缩醛化的程度，定义已缩合的羟基量占原始羟基量的百分数为缩醛度。

由于聚乙烯醇溶于水，而聚乙烯醇缩甲醛不溶于水，因此，随着反应的进行，最初的均相体系将逐渐变成非均相体系。本实训是合成水溶性聚乙烯醇缩甲醛胶水，反应过程中需控制较低的缩醛度，使产物保持水溶性。如若反应过于猛烈，则会造成局部高缩醛度，导致不溶性物质存在于胶水中，影响胶水质量。因此，反应过程中，要严格控制催化剂用量、反应温度、反应时间及反应物比例等因素。

三、实训仪器和试剂
仪器：三口烧瓶（250mL），电动搅拌器，回流冷凝管，温度计，恒温水浴锅，10mL 量筒，100mL 量筒。

试剂：聚乙烯醇，38% 甲醛水溶液，NaOH 溶液，盐酸，去离子水。

四、实训步骤
(1) 在装有搅拌器、回流冷凝管、温度计的三口烧瓶中加入 10g 聚乙烯醇及 90mL 去离子水，开始搅拌，加热至 95℃ 至聚乙烯醇全部溶解。

(2) 降温至 80℃，加入 4mL 甲醛溶液，搅拌 15min。滴加 0.25mol/L 盐酸调节反应体系的 pH 值为 1~3，搅拌下进行保温反应。随着反应体系之间逐渐变黏稠，当体系中出现气泡或有絮状物产生时，迅速加入 1.5mL 8% 的氢氧化钠溶液，调节 pH 值为 8~9。降温出料，得无色透明黏稠液体，即为一种化学胶水。

五、注意事项
(1) 整个反应过程中搅拌要充分均匀，当体系变黏稠出现气泡或有絮状物产生时应马上加入 NaOH 溶液，终止反应。

(2) 工业上生产胶水时，为了降低游离甲醛的含量，常在 pH 值调整至 7~8 后加入少量尿素，发生脲醛化反应。

六、思考题
(1) 为什么要调节产物的 pH 值？
(2) 为什么缩醛度增加，水溶性会下降？

知识介绍

聚乙烯醇缩醛的性能与应用

聚乙烯醇缩醛是聚乙烯醇和醛基化合物的缩合产物。1924年德国电化学公司发表了第一个关于聚乙烯醇缩醛的专利,到1992年聚乙烯醇缩醛世界产量约为10万吨,其中美国约占50%。我国是从1956年开展聚乙烯醇缩醛研究的,年产量约为2000t。

聚乙烯醇缩甲醛(polyvinyl formal,PVF)可以达到较高的缩醛度,常为75%~85%,它突出的特点是:高机械强度、高软化温度(140~150℃)、高耐磨性、良好的黏结性和卓越的电性能。当它与酚醛树脂等材质或其他化合物化合后,多用于韧性好、耐热的漆包线导电磁漆。PVF与酚醛树脂组合的胶黏剂体系,是首先用于金属类结构胶黏剂的合成树脂胶黏剂。PVF与热固性树脂相结合,可生产耐高温的胶黏剂及金属、玻璃、塑料等表面加工研磨材料。

聚乙烯醇缩乙醛是第一个工业化的聚乙烯醇缩醛产品。它的膜制品具有高度的耐磨性、极佳的透明性和良好的耐油性,多用于胶黏剂。

聚乙烯醇缩丁醛(polyvinyl butyral,PVB)是制造层压安全玻璃最常用的中间夹层材料,它既能满足光学透明的要求,又能满足结构性能和胶黏性能的要求,而且耐低温、耐光、耐热,是聚乙烯醇缩醛树脂在世界范围最大的应用。此外,PVB还广泛应用于纺织品、纸张、电路板的涂层、胶黏剂等领域。

项目十一　尼龙-66的制备

一、实训目的

(1) 掌握尼龙-66盐和尼龙-66的反应机理、制备方法。
(2) 了解双功能基单体缩聚的特点,熟悉尼龙-66工艺流程。

二、实训原理

聚酰胺树脂是具有许多重复的酰胺基团—CONH—的线型热塑性树脂的总称,主要由二元酸与二元胺或氨基酸经缩聚而得,通常称为尼龙。聚酰胺树脂能够形成氢键、结晶度高、力学性能优异、坚韧、耐磨、耐溶剂、耐油,能在-40~100℃下使用,缺点是吸水性较大,影响尺寸稳定性。尼龙树脂中以尼龙-6和尼龙-66为主,其应用更为广泛。许多改性的新尼龙有超韧尼龙、电镀尼龙、阻燃尼龙、磁性尼龙、玻璃纤维尼龙等。

双功能基单体a-A-a、b-B-b缩聚生成的高聚物的分子量主要受以下三方面因素的影响。

1. a-A-a、b-B-b的物质的量比

其定量关系式可表示为:

$$\overline{DP} = \frac{100}{q}$$

式中,$\overline{DP}$为缩聚物的平均聚合度;q为a-A-a(或b-B-b)过量的摩尔分数。

2. a-A-a、b-B-b反应的程度

若两单体等物质的量,此时反应程度p与缩聚物分子量的关系为:

$$\overline{Xn} = \frac{1}{1-p}$$

式中,$\overline{Xn}$为以结构单元为基准的数均聚合度;p为反应程度即功能基反应的百分数。

3. 缩聚反应本身的平衡常数

若 a-A-a、b-B-b 等物质的量，生成的高聚物分子量与 a-A-a、b-B-b 反应的平衡常数 K 的关系为：

$$\overline{X_n} = \sqrt{K/[ab]}$$

式中，[ab] 为缩聚体系中残留的小分子（如 H_2O）的浓度。K 越大，体系中小分子 [ab] 越小，越有利于生成高分子量缩聚物。己二酸与己二胺在 260℃ 时的平衡常数为 305，是比较大的，所以即使产生的 H_2O 不排除，甚至外加一部分水存在时，也可生成具有相当分子量的缩聚物，如体系中 H_2O 的浓度假定为 3mol/L，代入上式，缩聚物的 $\overline{X_n}$ 约为 10。

这是制备高分子量尼龙-66 有利的一方面。但另一方面，从己二酸和己二胺制备尼龙-66 时由于己二胺在缩聚温度为 260℃ 时易升华损失，以致很难控制配料比，所以实际上是先将己二酸和己二胺制成尼龙-66 盐。它是一种白色晶体，熔点为 196℃，易于纯化。用纯化的尼龙-66 盐直接进行缩聚，配料时的物质的量比是解决了，但由于尼龙-66 盐中的己二胺在 260℃ 高温下仍能升华（与单体己二胺相比，当然要小得多），故缩聚过程中的配料比还会改变，从而影响分子量，甚至得不到高分子量产物。为了解决这一问题，利用己二酸与己二胺反应平衡常数 K 值大的特点，可以先不除水，在无 O_2 的封闭体系（己二胺不会损失）中预缩聚，生成聚合度较低的缩聚物，再于敞口体系高温下（260℃）除 H_2O（这时己二胺已成低聚物，不再升华），使平衡向形成高聚物的方向转移，得到高分子量尼龙-66，这就是工业上生产尼龙-66 的方法。

本实训鉴于实训条件，不采用封闭体系，而采用降低缩聚温度（200～210℃）以减少己二胺损失的办法进行预缩聚，一定时间（一般 1～2h）后，再将缩聚温度提高到 260℃ 或 270℃。这种办法，不能完全排除己二胺升华的损失，所以得到的分子量不可能很大，不易达到最终成纤的程度。

己二酸、己二胺生成尼龙-66 盐及其再缩聚成尼龙-66 的反应式可表示如下：

$$HOOC(CH_2)_4COOH + NH_2(CH_2)_6NH_2 \longrightarrow [\overset{+}{N}H_3(CH_2)_6\overset{+}{N}H_3] - [\overset{-}{O}OC(CH_2)_4\overset{-}{C}OO]$$
尼龙-66 盐

$$n[\overset{+}{N}H_3(CH_2)_6\overset{+}{N}H_3] - [\overset{-}{O}OC(CH_2)_4\overset{-}{C}OO] \longrightarrow$$
$$\quad\quad\quad -[NH(CH_2)_6NH - OOC(CH_2)_4COO]_n + (2n-1)H_2O$$
尼龙-66

三、实训仪器和试剂

仪器：带侧管的试管，电热套，石棉，360℃ 温度计，烧杯，玻璃棒，恒温水浴锅，锥形瓶。

试剂：己二酸，己二胺，无水乙醇，氨基己酸，高纯氮，硝酸钾，亚硝酸钠。

四、实训步骤

1. 己二酸己二胺盐（尼龙-66 盐）的制备

在 250mL 锥形瓶中加 7.3g（0.05mol）己二酸及 50mL 无水乙醇，在水浴上温热溶解。另取一锥形瓶，加 5.9g 己二胺（0.051mol）及 60mL 无水乙醇，于水浴上温热溶解。稍冷后，将己二胺溶液在搅拌下慢慢倒入己二酸溶液中，反应放热，并观察到有白色沉淀产生。冷水冷却后过滤，漏斗中的尼龙-66 盐结晶用少量无水乙醇洗 2～3 次，每次用乙醇 4～6mL（洗时减压应放空开关水泵）。将尼龙-66 盐转入培养皿中于 40～60℃ 真空烘箱中干燥，得白色尼龙-66 盐结晶约 12g，熔点为 196～197℃。若结晶带色，可用乙醇和水（体积比为 3∶1）

的混合溶剂重结晶或加活性炭脱色。

2. 尼龙-66 盐缩聚

取一带侧管的 20mm×150mm 试管作为缩聚管，加 3g 的尼龙-66 盐，用玻璃棒尽量压至试管底部，缩聚管侧口作为氮气出口，连一橡胶管通入 H_2O 中。通氮气 5min，排除管内空气，将缩聚管架入 200～210℃ 融盐浴。融盐浴制备如下：取一 250mL 干净烧杯，检查无裂纹，加 130g 硝酸钾和 130g 亚硝酸钠，搅匀后于 600W 电炉（隔一石棉网）加热至所需温度。

试管架入融盐浴后，尼龙-66 盐开始熔融，并看到有气泡上升。将氮气流尽量调小，约 1s 一个气泡，在 200～210℃ 预缩聚 2h，期间不要打开塞子。2h 后将融盐浴温度逐渐升至 260～270℃，再缩聚 2h 后，打开塞子。用一玻璃棒蘸取少量缩聚物，试验是否能拉丝。若能拉丝，表明分子量已很大，可以成纤。若不能拉丝，取出试管，待冷却后破碎，得白色至土黄色韧性团体，熔点为 265℃，可溶于甲酸、间甲苯酚。若性脆，一打即碎，表明缩聚进行得不好，分子量很小。

五、注意事项

（1）融盐浴温度很高，但由于不冒气，表现似乎不热，使用时务必小心，温度计一定要固定在铁架上，不直接斜放在融盐中。实验结束后，停止加热，戴上手套，趁热将融盐倒入回收铁盘或旧的搪瓷盘。待冷后，洗净烧杯。融盐遇冷，结成白色硬块，性脆，碎后保存在容器中，下次实验时再用。

（2）尼龙-66 盐缩聚时仍有少量己二胺升华，在接氮气出口管的水中加几滴酚酞，水变红，表明确有少量己二胺带出，氮气维持一个无氧的气氛，但通过速度不宜过快（开始赶体系中空气除外），速度快了带出的己二胺量增加，分子量更上不去。

（3）氮气的纯度在本实验中至关重要，不能用普通的纯氮气，必须用高纯氮气，若用普通氮气，体系变褐色并得不到高黏度产物，而用高纯氮气，体系始终无色，且能拉成长丝。

六、思考题

（1）将尼龙-66 盐在密封体系中于 220℃ 进行预缩聚，实验室中所遇到的主要困难是什么？如何解决？

（2）通氮气的目的是什么？本实验中氮气纯度为何影响特别大？

知识介绍

尼龙（Nylon）

聚酰胺俗称尼龙（Nylon），英文名称 polyamide（简称 PA），密度为 $1.15g/cm^3$，是分子主链上含有重复酰胺基团—NHCO—的热塑性树脂总称，包括脂肪族 PA，脂肪-芳香族 PA 和芳香族 PA。其中脂肪族 PA 品种多，产量大，应用广泛，其命名由合成单体具体的碳原子数而定。尼龙是由美国著名化学家卡罗瑟斯和他的科研小组发明的。

常用的尼龙纤维可分为两大类。一类是由己二胺和己二酸缩聚而得的聚己二酸己二胺，这类尼龙的分子量一般为 17000～23000，根据所用二元胺和二元酸的碳原子数不同，可以得到不同的尼龙产品，并可通过加在尼龙后的数字区别，其中前一数字是二元胺的碳原子数，后一数字是二元酸的碳原子数。例如尼龙-66，说明它是由己二胺和己二酸缩聚制得；尼龙-610，说明它是由己二胺和癸二酸制得。另一类是由己内酰胺缩聚或开环聚合得到的，根据其单元结构所含碳原子数目，可得到不同品种的命名。例如尼龙-6，说明它是由含 6 个碳原子的己内酰胺开环聚合而得。

聚酰胺主要用于合成纤维,其最突出的优点是耐磨性高于其他所有纤维,耐磨性比棉花高 10 倍,比羊毛高 20 倍,在混纺织物中稍加入一些聚酰胺纤维,可大大提高其耐磨性;当拉伸至 3%～6%时,弹性回复率可达 100%;能经受上万次折挠而不断裂。但聚酰胺纤维的耐热性和耐光性较差,保持性也不佳,做成的衣服不如涤纶挺括。另外,用于衣着的尼龙-66 和尼龙-6 都存在吸湿性和染色性差的缺点,为此开发了聚酰胺纤维的新品种:尼龙-3 和尼龙-4 的新型聚酰胺纤维,具有质轻、防皱性优良、透气性好以及良好的耐久性、染色性和热定型等特点,因此被认为是很有发展前途的。

项目十二 低分子量环氧树脂的制备

一、实训目的

(1) 熟悉双酚 A 型环氧树脂的聚合原理、实验室制备方法。
(2) 掌握环氧值的测定方法。

二、实训原理

环氧树脂基本上为一种聚醚类,每个分子中含有两个以上易反应的环氧基团。它是环氧氯丙烷与多元醇的缩聚产物,其种类很多,但以双酚 A 型环氧树脂产量最大,用途最广。它是由环氧氯丙烷和二酚基丙烷在氢氧化钠水溶液存在下加热聚合而得。不同单体的摩尔比,不同的操作条件,可得到不同软化点、不同分子量的环氧树脂。生产上将双酚 A 型环氧树脂分为高分子量、中等分子量及低分子量三种。把软化点低于 50℃(平均聚合度 $n<2$)的称为低分子量树脂或软树脂;软化点在 50～95℃之间(n 在 2～5)的称为中等分子量树脂;软化点在 100℃以上($n>5$)的称为高分子量树脂。表 4-4 为不同配比与分子量的关系(实验值)。

表 4-4 环氧树脂不同配比与分子量的关系

环氧氯丙烷/双酚 A(摩尔比)	软化点/℃	分子量	环氧值
2.0	43	451	314
1.4	84	791	592
1.33	90	964	730
1.25	100	1133	862
1.20	112	1420	1176

当环氧氯丙烷为 2mol,二酚基丙烷为 1mol 时,其反应为:

$$HO-\bigcirc-\underset{\underset{CH_3}{|}}{\overset{\overset{CH_3}{|}}{C}}-\bigcirc-OH + 2H_2C\underset{O}{\overset{}{\diagdown}}CH-CH_2Cl \xrightarrow{NaOH}$$

$$H_2C\underset{O}{\overset{}{\diagdown}}CH-CH_2-O-\bigcirc-\underset{\underset{CH_3}{|}}{\overset{\overset{CH_3}{|}}{C}}-\bigcirc-OCH_2-\underset{\underset{OH}{|}}{CH}-CH_2Cl \xrightarrow{NaOH}$$

$$H_2C\underset{O}{\overset{}{\diagdown}}CH-CH_2-O-\bigcirc-\underset{\underset{CH_3}{|}}{\overset{\overset{CH_3}{|}}{C}}-\bigcirc-OCH_2-CH\underset{O}{\overset{}{\diagup}}CH_2$$

所得树脂为黄褐色黏稠液体,当二酚基丙烷为 2mol,环氧氯丙烷为 3mol 时,主链中有羟基产生:

$$\text{H}_2\text{C}\underset{\text{O}}{-}\text{CH}-\text{CH}_2-\text{O}-\!\!\left\langle\!\!\!\begin{array}{c}\\\end{array}\!\!\!\right\rangle\!\!-\!\!\underset{\underset{\text{CH}_3}{|}}{\overset{\overset{\text{CH}_3}{|}}{\text{C}}}\!\!-\!\!\left\langle\!\!\!\begin{array}{c}\\\end{array}\!\!\!\right\rangle\!\!-\text{OCH}_2-\text{CH}-\text{CH}_2-\text{O}-\!\!\left\langle\!\!\!\begin{array}{c}\\\end{array}\!\!\!\right\rangle\!\!-\!\!\underset{\underset{\text{CH}_3}{|}}{\overset{\overset{\text{CH}_3}{|}}{\text{C}}}\!\!-\!\!\left\langle\!\!\!\begin{array}{c}\\\end{array}\!\!\!\right\rangle\!\!-\text{OCH}_2-\text{CH}\underset{\text{O}}{-}\text{CH}_2$$

此树脂为固体状，当两者等物质的量时，则可得直链状高分子量的醚型树脂：

（反应性官能基团／耐热性／耐药品性／黏着性／柔软性 结构式）

环氧树脂因含有极性的羟基，导致有较强的氢键，因此黏着性很好。稳定的 C—C 键及醚键使其具有优良的耐化学药品性，苯环的存在又增加了树脂的耐热性。此外，环氧树脂还有良好的电绝缘性、韧性等特点，广泛用于胶黏剂（万能胶）、涂料、复合材料等方面。

环氧树脂在固化前分子量都不高，只有通过固化才能形成体型高分子。环氧树脂的固化要借助于固化剂。固化剂是通过其官能团与环氧树脂分子发生联结或缩合反应而形成网状结构。固化剂的选择以能和末端的环氧基起开环加成反应或与分子链中的羟基起酯化反应者为宜。进行前项反应的为胺类，而进行后项反应的为酸或酸酐类。固化剂的种类不同，其固化反应的机理也不相同。

1. 与胺类的固化反应

脂肪族胺类固化剂在目前使用得比较多，其特征是在常温下固化环氧树脂，反应时放热放出的热量能进一步促使环氧树脂与固化剂的反应。伯胺固化反应：

（反应式图）

2. 与酸酐的固化反应

酸酐和双酚 A 型环氧树脂反应，在无促进剂情况下，首先是树脂中的羟基与酸酐或者是酸酐中的游离羧基与环氧基反应生成单酯或羟基。单酯或羟基继续与环氧基反应，最后生成立体的网状结构。

（反应式图）

$$\sim\!\!\underset{\text{O}}{\overset{\text{O}}{C}}\!-\!OH + H_2C\!-\!CH\!\sim \longrightarrow \sim\!\!\underset{\text{O}}{\overset{\text{O}}{C}}\!-\!O\!-\!CH_2\!-\!CH\!\sim$$
$$OH$$

(反应式图示)

三、实训仪器和试剂

仪器：电动搅拌器，滴液漏斗，三口烧瓶，恒温水浴锅，电炉，锥形瓶，温度计，Y形管，冷凝管，分液漏斗，真空蒸馏装置1套，测定环氧值分析工具1套。

试剂：双酚A，环氧氯丙烷，30%氢氧化钠溶液，甲苯，丙酮，盐酸，蒸馏水。

四、实训步骤

(1) 安装聚合装置。

(2) 将11.4g双酚A（0.05mol）放于三口烧瓶内，量取环氧氯丙烷14mL倒入瓶内，装上搅拌器、滴液漏斗、回流冷凝管及温度计，开始搅拌，升温到55～65℃，待双酚A全部溶解后，将20mL 30%NaOH液置于50mL滴液漏斗中，滴液漏斗慢慢滴加氢氧化钠溶液至三口烧瓶中（开始滴加要慢些，环氧氯丙烷开环是放热反应，反应液温度会自动升高），保持温度在60～65℃。约1.5h滴加完毕。然后保温30min。倾入30mL甲苯与15mL蒸馏水搅拌成溶液，趁热倒入分液漏斗中，静置分层，除去水层。

(3) 将树脂溶液倒回三口烧瓶中，进行真空蒸馏除去甲苯和未反应的环氧氯丙烷。加热，开动真空泵（注意馏出速度），蒸馏到无馏出物为止，控制最终温度不超过110℃，得到黄色透明树脂。

五、环氧值的测定方法

环氧树脂质量的重要指标之一是环氧值，它是指每100g树脂中所含环氧基的物质的量（简称环氧量）。分子量愈高，环氧值就相应愈低。环氧树脂所含环氧基的多少，除用环氧值表示外，还可用环氧量表示（环氧值＝100/环氧量）。一般低分子量环氧树脂的环氧值在0.48～0.57之间。分子量小于1500的环氧树脂，其环氧值的测定用盐酸-丙酮法。反应式为：

$$H_2C\!-\!CH_2 + HCl \xrightarrow{\text{丙酮}} -CH\!-\!CH_2Cl$$
$$OH$$

称0.58g树脂（称量准确到千分之一）于锥形瓶中，用移液管加入20mL丙酮-盐酸溶液，微微加热，使树脂充分溶解后，在水浴上回流30min，冷却后用0.1mol/L氢氧化钠溶液滴定，以酚酞作指示剂，并做一空白试验。环氧值E按下式计算：

$$E = \frac{(V_0 - V_2)N}{1000W} \times 100 = \frac{(V_0 - V_2)N}{10W}$$

式中，V_0 为空白滴定所消耗的 NaOH 溶液毫升数；V_2 为样品测试所消耗的 NaOH 溶液毫升数；N 为 NaOH 溶液的物质的量浓度；W 为树脂质量，g。

六、参考说明

（1）环氧树脂所含环氧基的多少，除用环氧值表示外，还可用环氧基百分含量或环氧当量表示。

环氧基百分含量：每 100g 树脂中含有的环氧基克数。

环氧当量：相当于一个环氧基的环氧树脂质量（g）。

三者之间有如下互换关系：

$$环氧值 = \frac{环氧基百分含量}{环氧基分子量} = \frac{1}{环氧当量}$$

（2）盐酸-丙酮溶液配制：将 2mL 浓盐酸溶于 80mL 丙酮中，均匀混合即成（现配现用）。

七、思考题

（1）环氧树脂的反应机理及影响合成的主要因素是什么？

（2）什么叫环氧当量和环氧值？

（3）试将 50g 合成的环氧树脂用乙二胺固化，如果乙二胺过量 10%，则需要等当量的乙二胺多少克？

知识介绍

环氧树脂（epoxide resin）

环氧树脂泛指分子中含有两个或两个以上环氧基团的有机化合物，除个别外，它们的分子量都不高。环氧树脂的分子结构是以分子链中含有活泼的环氧基团为特征，环氧基团可以位于分子链的末端、中间或成环状结构。由于分子结构中含有活泼的环氧基团，使它们可与多种类型的固化剂发生交联反应而形成不溶的具有三维网状结构的高聚物。凡分子结构中含有环氧基团的高分子化合物统称为环氧树脂。固化后的环氧树脂具有良好的物理、化学性能，它对金属和非金属材料的表面具有优异的粘接强度，介电性能良好，变形收缩率小，制品尺寸稳定性好，硬度高，柔韧性较好，对碱及大部分溶剂稳定，因而广泛应用于国防、国民经济各部门，可作层压料、黏结剂、涂料等。

我国自 1958 年开始对环氧树脂进行研究，并以很快的速度投入了工业生产，除生产普通的双酚 A-环氧氯丙烷型环氧树脂外，也生产各种类型的新型环氧树脂。我国环氧树脂生产厂家有一百多家，但除了岳阳和无锡等少数几家外，大都规模很小，牌号品种单一，设备落后，树脂质量较低。2010 年开始，全球范围内环氧树脂各主要应用市场的需求出现恢复性增长，2014～2018 年持续保持 2%～3% 的增长，而受益于中国市场的快速发展，全球环氧树脂需求量也以 4.5% 左右的速度增长。预计未来国内环氧树脂行业仍能稳定增长，一方面是全球产业转移使得电子、船舶等下游行业都转移到中国生产，拉动了对环氧树脂的需求；另一方面，国内企业生产产品的质量在不断提高，与国外企业相比逐渐具备优势。在我国 GDP 继续保持增长的态势下，未来几年国内环氧树脂需求量年复合增长率可达 10% 左右。

项目十三　高强耐水 PVA/淀粉木材胶黏剂的制备

一、实训目的
(1) 了解 PVA/淀粉木材胶黏剂特点、配方及各组分所起作用。
(2) 掌握 PVA 胶乳的制备方法及用途。

二、实训原理
聚乙烯醇是一种用途广泛的水溶性高分子，性能独特，被大量用于涂料、黏合剂、乳化剂、纸品加工剂、纺织品和塑料薄膜等产品。作为一种发展迅速的热熔胶，PVA 具有较好的强力黏结性，具有胶膜强度高、坚韧透明、耐油、耐溶剂、耐腐蚀、耐磨等优点。

本实训应用化学接枝的方法，采用廉价易得的玉米淀粉与 PVA 进行复配来制备主胶料，以价低性优的双氧水和过硫酸铵为氧化剂，硼砂为交联剂，制备胶合板用 PVA/淀粉复合胶。

三、实训仪器和试剂
仪器：三口烧瓶，滴液漏斗（125mL），球形冷凝管，温度计（100℃），电动搅拌器，水浴锅，表面皿，烘箱。

试剂：PVA，玉米淀粉，双氧水 H_2O_2（质量分数为 30%），过硫酸铵（APS），硼砂，氢氧化钠（NaOH），硫酸亚铁（$FeSO_4$），去离子水。

四、实训步骤
1. 安装仪器及操作

(1) 淀粉糊的制备　向一烧杯中加入 120g 去离子水，加热至 65℃，搅拌下缓慢加入 20g 淀粉；用质量分数为 30% 的 NaOH 溶液将淀粉液的 pH 值调节到 9~10；加入 0.8g H_2O_2 和 0.2g $FeSO_4$，保温下氧化反应 25min；然后加入 6g 30% 的 NaOH 溶液，在 65℃ 下糊化 30min，待用。

(2) PVA 胶的制备　向带有温度计、搅拌器的三口烧瓶中加入 250g 去离子水，在搅拌速度为 200 r/min 条件下，缓慢加入 50g PVA，升温至 90℃ 保温搅拌，直至 PVA 完全溶解；降温至 60℃，边搅拌边加入 0.15g APS，氧化 20min。

(3) PVA/淀粉胶黏剂的制备　向盛有 PVA 胶的三口烧瓶中，加入配好的淀粉糊，搅拌均匀后升温至 75℃，加入 0.5g 20% 的硼砂溶液，反应 30min；用 30% 的 NaOH 溶液将胶液的 pH 值调节到 6~7，升温至 85℃ 继续反应，当瓶内胶液呈淡黄色半透明时，降温出料，得到 PVA/淀粉胶黏剂。撤掉水浴，自然冷却到 40℃，停止搅拌，出料。

2. 测含固量

取 2g 乳浊液（精确到 0.002g）置于烘至恒重的表面皿上，放于 100℃ 烘箱中烘至恒重（约 4h），计算含固量。

$$含固量 = \frac{干燥后样品质量}{干燥前样品质量} \times 100\%$$

$$转化率 = \frac{含固量 \times 产品质量 - 聚乙烯醇质量}{单体质量} \times 100\%$$

五、注意事项
(1) 淀粉含量决定了胶黏剂性能，含量越低，淀粉与 PVA 之间的交联作用越小，黏度越小，反之亦然，因此，PVA 与淀粉的质量比为 2.5 左右较为合适。

(2) PVA 的溶解状态决定胶黏剂的性能，溶解时 PVA 完全分散。

六、思考题

(1) 双氧水、硼砂的作用分别是什么？
(2) 过硫酸铵 APS 是引发剂还是氧化剂？
(3) 本实训在控制胶黏剂性能时应注意哪些问题？

项目十四　软质聚氨酯泡沫塑料的制备

一、实训目的

(1) 了解逐步加聚反应的类型、机理、特征，熟悉制备聚氨酯的反应原理。
(2) 熟悉聚氨酯制备中各组分的作用，了解各影响因素的作用机理。

二、实训原理

泡沫塑料可分为软质的、半硬质的、硬质的或开孔的、闭孔的。软质的泡沫塑料是由柔韧的高聚物膨胀产生的，用长链聚醚制备的线型聚氨基甲酸酯（简称聚氨酯）就是典型的例子。硬质泡沫塑料是由可交联的单体制备的，交联后的压缩强度对抗张强度之比为 0.5 或以上，伸长率小于 10%，复原慢。半硬质泡沫塑料的性能在软质和硬质泡沫塑料之间。开孔泡沫塑料，如海绵，具有相互连通的小孔结构；闭孔的泡沫塑料是由高聚物包裹起来的、分散的气囊所构成。多孔的产生是黏性介质中包住了一定的气体，这种气体可由聚合本身放出，也可加入发泡剂，通过它的分解产生，例如碳酸氢铵受热分解产生 NH_3、CO_2 和 H_2O；还可由挥发性溶剂在反应热的影响下汽化生成，这种溶剂也相当于发泡剂。聚氨酯就是自动发泡制成泡沫塑料的；而乙烯类聚合物，可通过在其中混入挥发性物质，或在聚合物胶乳中吹入气体制得泡沫塑料。

在制备聚氨酯泡沫塑料的过程中，异氰酸酯的反应极为关键。有机异氰酸酯可与任何带活泼氢的物质发生反应。其中异氰酸酯会和水反应产生二氧化碳气体，起到了发泡作用。

$$R-N=C=O + H_2O \longrightarrow R-NHCOOH \longrightarrow R-NH_2 + CO_2$$
$$R-N=C=O + R'OH \longrightarrow R-NHCOOR'$$
$$R-N=C=O + R'NH_2 \longrightarrow R-NHCONHR'$$

异氰酸酯与醇(式)和胺反应即为聚合反应，生成的胺会参与下一步和异氰酸酯的反应生成聚合物，因此水在聚氨酯泡沫塑料制备反应中起到了双重作用。

在泡沫塑料的制备过程中也会使用催化剂，最有效的催化剂有两种：第一种是某些金属盐，如正二价的锡和锌，它们能够活化异氰酸酯，特别是脂肪族异氰酸酯；第二种是三级胺，作为催化剂，胺的活性取决于胺的碱性和与氮原子的结合力，一般不用二级胺和一级胺，因为它们和异氰酸酯直接生成脲的衍生物，用脲再去催化反应是不够活泼的。芳香族的胺和酰胺也不能作催化剂，因为它们的碱性不够强。脂肪族胺的催化活性随碳链增长而降低。

聚氨酯泡沫塑料在工业上有三种制备方法，即预聚体法、半预聚体法和一步法。预聚体法是先将异氰酸酯和多元醇反应生成预聚体，然后在预聚体中加入水、催化剂和表面活性剂等，使水和异氰酸酯基反应，在发泡的同时进行链增长（有的同时还有交联反应），形成泡沫塑料。半预聚体法是将一部分聚醚或聚酯多元醇和配方中全部的异氰酸酯反应生成末端带有异氰酸酯基的低聚物和大量未反应游离的异氰酸酯的预聚体混合物，该混合物再和剩余的聚醚或聚酯多元醇、水、催化剂以及表面活性剂混合进行发泡，此法适于制备硬质泡沫塑料。一步法是将所有原料一次加入，使链增长、气体生成和交联反应在短时间内几乎同时进行，工艺简单，但配方必须精细设计并控制合适的条件才能得到优良的泡沫塑料。本实训采用二月桂酸二丁基锡和 1,4-二氮杂双环(2,2,2)辛烷（DABCO）催化异氰酸酯与多元醇的反应，一步法制备软质泡沫塑料。

三、实训仪器和试剂

仪器：牛皮纸，烧杯，玻璃棒，烘箱，滴管。

试剂：甲苯-2,4-二异氰酸酯（TDI），三羟甲基聚醚（分子量为2000～4000），二月桂酸二丁基锡，去离子水，1,4-二氮杂双环(2,2,2)辛烷（DABCO），有机硅油。

四、实训步骤

（1）用稍硬的牛皮纸折成约 80mm×80mm×80mm 的纸盒以作模具用。

（2）在一 25mL 的烧杯中，加入 0.1g DABCO 和 1 滴水，溶解后再加入 10g 三羟甲基聚醚，作为甲溶液。

（3）在另一 250mL 烧杯中，依次加入 25g 三羟甲基聚醚，10g 甲苯-2,4-二异氰酸酯（TDI），5 滴二月桂酸二丁基锡，搅匀，此时有反应热放出，此为乙溶液。

（4）向甲溶液中加入约 10 滴有机硅油，搅匀后，将此溶液迅速倒入乙溶液中，用玻璃棒迅速搅拌，待反应物变稠后，将其转移到纸模具中，于室温放置半小时，再放入约 70℃ 的烘箱中烘 1h，即可得到一块软质聚氨酯泡沫塑料。

五、注意事项

（1）甲苯-2,4-二异氰酸酯为剧毒药品，使用时应注意防护，在通风橱内进行量取，注意尽量不要洒出，洒出的异氰酸酯可用 5% 的氨水处理。

（2）将甲溶液倒入乙溶液时应迅速，并马上搅拌，以免反应不均匀。

六、思考题

（1）写出本实训合成聚氨酯的反应方程式。

（2）上述配方中各组分的性质及作用是什么？

（3）切开所制得的泡沫塑料，分析发泡不均匀或发泡效果较差的原因，并提出改进措施。

知识介绍

聚氨酯的应用

聚氨酯分子中具有较强的极性基团，在大分子中存在着氢键，使聚合物具有高强度、耐磨、耐溶剂等特点；而且可通过改变单体的结构、分子量等，在很大范围内调节聚氨酯的性能，使之在塑料（特别是泡沫塑料）、橡胶、涂料、黏合剂、合成纤维等领域中具有广泛的用途，且其用途还在不断发展中。聚氨酯涂料由于其漆膜的黏附性很好，可用来保护金属、橡胶等。聚氨酯橡胶具有特别好的耐磨性、撕裂强度、耐臭氧、紫外线和油，因此用来生产汽车和飞机轮胎。

聚氨酯热塑性弹性体既有橡胶的弹性，又有塑料的易加工性，能用热塑性材料的加工方法加工，如注射、挤出、压延等。它同样具有卓越的耐油性、耐磨性、低温弹性和耐老化等性能，用途广泛。可用作汽车的轴瓦、轴承，拖拉机的履带和纺织工业中的高速传动带等。

聚氨酯黏合剂由于其分子链具有一些活泼基团和较高的极性，因而对多种材料具有较高的黏附性能。聚氨酯黏合剂不仅可以胶接多孔性材料，如泡沫塑料、陶瓷、木材、织物等，而且可以胶接表面光洁的材料，如钢、铝、不锈钢、金属箔、玻璃以及橡胶等，同时对多孔性材料与表面光洁材料相互之间的胶接也是很好的。

聚氨酯泡沫塑料有软质和硬质之分，与所用原料、合成工艺以及用途要求有关。它们具有保温、绝热和隔音等性能。软质泡沫塑料用作隔音制件、椅垫、衣服、精密仪器和仪表的包装材料、海绵等；硬质泡沫塑料多用在冷藏、建筑、绝缘材料等工业制件中。

项目十五　苯乙烯的阳离子聚合

一、实训目的
(1) 了解阳离子聚合原理、引发体系和影响因素。
(2) 熟悉苯乙烯阳离子实验操作条件，掌握阳离子聚合反应关键操作。

二、实训原理
阳离子聚合的引发剂都是亲电试剂，一般有三大类，一类是含氢酸，一类是 Lewis 酸，还有一类是有机金属化合物。在用 Lewis 酸作阳离子聚合引发剂时，一般还需要有水、某些酸或卤代烷等极性物质作共催化剂。在本实训中，我们选用的单体是苯乙烯，引发剂中的 Lewis 酸是 AlR_3（R＝C_2H_5 等），共催化剂是 $C_6H_5-CH_2Cl$，其反应历程如下。

链引发：

$$AlR_3 + C_6H_5-CH_2Cl \longrightarrow C_6H_5-CH_2^+ AlR_3Cl^-$$

$$C_6H_5-CH_2^+ AlR_3Cl^- + CH_2=CH(C_6H_5) \longrightarrow C_6H_5-CH_2-CH_2-CH^+(C_6H_5) AlR_3Cl^-$$

链增长：

$$C_6H_5-CH_2-CH_2-CH^+(C_6H_5) AlR_3Cl^- + nCH_2=CH(C_6H_5) \longrightarrow$$

$$C_6H_5-CH_2\text{-}[CH_2-CH(C_6H_5)]_n\text{-}CH_2-CH^+(C_6H_5) AlR_3Cl^-$$

链终止：

$$C_6H_5-CH_2\text{-}[CH_2-CH(C_6H_5)]_n\text{-}CH_2-CH^+(C_6H_5) AlR_3Cl^- + MeOH \longrightarrow$$

$$C_6H_5-CH_2\text{-}[CH_2-CH(C_6H_5)]_n\text{-}CH_2-CH(C_6H_5)-OH + Me^+ AlR_3Cl^-$$

三、实训仪器和试剂
仪器：三口烧瓶，磁力搅拌器，磨口 Y 形管，磨口干燥管，砂芯漏斗，氮气球，吸滤瓶，烧杯，针筒（5mL、10mL），恒温水浴锅，100mL 量筒，低温温度计（－50～50℃）。

试剂：苯乙烯（CP，减压蒸馏），Al(iBu)$_3$，CH_2Cl_2（分子筛浸泡），氯化苄（分子筛浸泡）。

四、实训步骤
(1) 按图 4-1 搭好实训装置。
(2) 用氮气球通氮气，充分置换反应体系中的空气后，在三口烧瓶中分别加入 10mL 苯乙烯、40mL 二氯甲烷（500mL CH_2Cl_2 中含有 2mL 氯化苄）。用冰盐浴（冰：盐的质量比为 100:33）冷却反应器，开动搅拌器，待温度降至 －15℃ 以下时，用 5mL 针筒抽取 2mL 稀 Al(iBu)$_3$，在通氮气条件下，小心加入稀 Al(iBu)$_3$ 至反应体系，此时体系中温度上升，反应溶液从无色

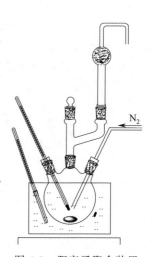

图 4-1　阳离子聚合装置

变成黄色或棕红色。当反应体系温度不再上升，反而降到-10℃时，加入30mL乙醇（溶液将很快变为无色透明的液体），然后把产物倒入300mL工业酒精中沉析聚合物。聚合物经抽滤、真空干燥、称重、计算单体转化率。

注意：由于阳离子聚合速率快，聚合时释放出的热量来不及排走，造成反应体系温度瞬间升高（几秒钟内从-15℃左右上升到30℃以上），压力增大到足以冲开反应装置上的干燥管和温度计等，请注意安全！

五、思考题
（1）阳离子聚合有何特点？
（2）为什么要选用二氯甲烷作溶剂？
（3）在本次实训过程中为什么会有颜色的变化？

项目十六　阴离子活性聚合——SBS嵌段共聚物的制备

一、实训目的
（1）掌握活性聚合的合成方法。
（2）掌握用阴离子聚合法合成三嵌段共聚物的方法。
（3）了解热塑性弹性体的结构和性能。

二、实训原理

$$n\text{-BuLi} + n\text{CH}_2=\text{CH}(\text{C}_6\text{H}_5) \longrightarrow \text{Bu}[\text{CH}_2-\text{CH}(\text{C}_6\text{H}_5)]_{n-1}\text{CH}_2-\text{CH}^-(\text{C}_6\text{H}_5)\text{Li}^+$$

$$\text{Bu}[\text{CH}_2-\text{CH}(\text{C}_6\text{H}_5)]_{n-1}\text{CH}_2-\text{CH}^-(\text{C}_6\text{H}_5)\text{Li}^+ + m\text{CH}_2=\text{CH}-\text{CH}=\text{CH}_2 \longrightarrow$$

$$\text{Bu}[\text{CH}_2-\text{CH}(\text{C}_6\text{H}_5)]_n[\text{CH}_2-\text{CH}=\text{CH}-\text{CH}_2]_{m-1}\text{CH}_2-\text{CH}=\text{CH}-\text{CH}^-_2\text{Li}^+$$

用丁基锂引发苯乙烯聚合，得到活性聚苯乙烯，由于碳负离子与苯环共轭，所以溶液显红色。再加入丁二烯，红色立即消失，形成丁二烯阴离子，得活性苯乙烯-丁二烯（SB）二嵌段聚合物，然后加入双官能团偶合剂（Y—X—Y，如卤代烷），形成苯乙烯-丁二烯-苯乙烯（SBS）线型三嵌段共聚物，如加入多官能团偶合剂$X(Y)_n$（如$SiCl_4$）则得到星形嵌段共聚物，此法适合于工业生产，很有价值。

这种嵌段共聚物链的序列结构是有规则的，其中聚苯乙烯段（PS段）玻璃化温度在室温以上（硬段），中间段为玻璃化温度在室温以下的橡胶段（PB，软段），如图4-2所示。

图4-2　嵌段共聚物链的序列结构

PS段聚集在一起称为"微区"（domain）。此"微区"分散在大量的橡胶弹性链段之间，为分散相，形成物理交联，阻止聚合物链的冷流，而中间软段则形成连续相，呈现高弹性，所以是两相结构。在通常使用温度下，这种共聚物几乎与普通的硫化橡胶没有区别，但在化学上则不同，它们的分子链间无共价键交联。聚苯乙烯"微区"起到了固定弹性链段和增强的作用。当温度升高，超过聚苯乙烯的玻璃化温度时，PS"微区"被破坏，冷却后，又恢复原状，再次形成"微区"，固定 PB 链的末端，并重新形成弹性网。所以这类 SBS 嵌段共聚物又称为热塑性弹性体。

三、实训仪器和试剂

仪器：真空油泵，500mL 盐水瓶，250mL 盐水瓶，橡胶塞，短玻璃管，T 形管，三口烧瓶，蒸馏装置，烘箱，分液漏斗，炼胶机，听诊橡胶管，氮气流干燥系统，注射器和长针头，止血钳。

试剂：环己烷，苯乙烯，丁二烯，丁基锂溶液，分子筛，纯氮（99%），四氯化硅-环己烷溶液，抗氧化剂。

四、实训步骤

1. SBS 的制备

（1）环己烷和苯乙烯的纯化和脱氧处理（苯乙烯：聚合级，无水氯化钙干燥数天，减压蒸馏，储于棕色瓶内；环己烷：化学纯，分子筛干燥蒸馏）。

（2）实验前需将无水环己烷和苯乙烯进行脱气通氮，在氮气保护下，储藏备用。取 500mL 盐水瓶一只，作为反应瓶配上单孔橡胶塞和短玻璃管，并套上一段听诊橡胶管，按图 4-3(a) 装置，打开 1、2、3、4、5 处先抽真空通氮（最好同时用红外灯加热），反复 3～4 次，以排除反应瓶和系统中的空气，在减压下用止血钳关闭 1 和 4，打开 6 加正压，关闭 7、4 和 2 处，取下反应瓶，用注射器向反应瓶内先缓慢注入少量 $n\text{-}C_4H_9Li$，边加边摇动，以消除体系中残余的杂质，直至略微出现橘黄色为止，接着加入 1.6meq $n\text{-}C_4H_9Li$（聚苯乙烯分子量预计为 15000 左右），此时溶液立即出现红色，在 50℃ 水浴中加热 30min，红色不褪，则为活性聚苯乙烯。

（3）另取一只 250mL 盐水瓶，配上单孔橡胶塞和短玻璃管，并套上一段听诊橡胶管，照上法抽真空通氮，以除去瓶中空气，然后加入 100mL 环己烷，再通入丁二烯（纯度为 90%）36g，用止血钳夹住，取下反应瓶。用注射器缓慢注入少量 $n\text{-}C_4H_9Li$ 以消除残余的杂质。

（4）把装有丁二烯的反应瓶用 T 形管与活性聚苯乙烯瓶相接，T 形管另一端接在氮气干燥系统上［图 4-3(b)］，抽真空通氮，除去管道内空气。再把反应瓶抽成负压，然后把丁二烯溶液倒入活性聚苯乙烯反应瓶内，边加边摇，红色立即消失。丁二烯加完后，用止血钳夹住瓶口，摇匀，放在 50℃ 水浴中加热，10～20min 后，溶液发热、变黏稠时，立即取出反应瓶，放在空气中冷却，反应很剧烈。待反应高潮过后，放在 50℃ 水浴中继续加热 2h。然后用注射器注入 $SiCl_4$ 环己烷溶液作为偶合剂（$SiCl_4$ 浓度为 0.5meq/mL），分两次加入，第 1 次加 2.5mL，用力摇匀，在 50℃ 水浴中加热 30min，第 2 次加 1mL，再加热 30min。

（5）冷却，称取 0.5g 抗氧化剂 246（2,6-二叔丁基-4-甲基苯酚）溶于少量环己烷中，加入 500mL 反应瓶内，摇匀。将黏稠产物倾倒入盛有 2L 水的 3L 三口烧瓶中，接上蒸馏装置，在搅拌下加热，环己烷及水一并蒸出，待环己烷几乎蒸完，产物呈半固体时，停止蒸馏，趁热取出剪碎，用蒸馏水漂洗一次，吸干水分，放在 50℃ 烘箱内烘干，即为 SBS 三嵌段共聚物。环己烷和水的蒸馏液，用分液漏斗分出水层，上层环己烷经干燥、蒸馏，可重新使用。计算产量，测 GPC，观察 GPC 谱峰的形状。产品进行加工成型和测力学性能。

2. 加工成型 SBS 的制备

称取 50g 干燥 SBS，在炼胶机上炼 3～5min，薄通 10 次左右。一般炼胶温度为 70～100℃，使物料轧炼均匀，然后将二辊放宽到所需要的厚度比片，再放在模具内在 100℃ 左右进行压模，冷却脱模。

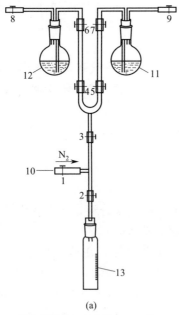
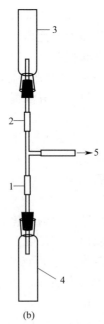

(a) (b)

1~9—听诊橡胶管加止血钳;10—真空泵和氮气流干燥系统;11—丁二烯;12—环己烷;13—反应瓶

1~2—听诊橡胶管;3—丁二烯的环己烷溶液反应器;4—活性聚苯乙烯反应瓶;5—真空泵和氮气流干燥系统

图 4-3　SBS 聚合装置

五、注意事项

(1) 反应瓶及全部反应系统需要绝对干燥,并保持无水无氧。

(2) 实验中使用 99.99% 纯氮,如用高氮必须再经过除氧。

(3) 加入丁二烯后,注意反应变化,在 50℃ 水浴中,发现反应有些发热或略变黏时即取出在室温中冷却,勿使反应过于剧烈,防止反应物冲破橡胶管冲出。反应剧烈时,切勿把反应瓶放在冷水中冷却,以免反应瓶因骤冷碎裂、爆炸。若夏天室温较高时,则加丁二烯后放在室温下时时摇动,待反应高潮过后,再放入 50℃ 水浴中加热。

(4) 在使用丁二烯时,室内禁止明火。反应时注意安全,采用防护措施。

六、思考题

(1) 什么是热固性弹性体和热塑性弹性体?两者结构上的区别是什么?

(2) 为什么该反应需要严格的无水无氧操作?

知识介绍

苯乙烯嵌段共聚物的应用

热塑性弹性体中的嵌段共聚物具有广泛的用途,从热敏胶黏剂到铺路改性剂均可应用。传统的弹性体如天然橡胶,具有软而强的性能,但在使用温度下,需要经过硫化处理以阻止其流动。聚烯烃热塑性橡胶较易加工,但如果未形成交联,其强度和弹性都相对较差。而嵌段共聚物克服了这两种聚合物的缺点,并具有两者的优异性能。在 ABA 的嵌段共聚物中,通过其微相分离可以获得整体材料的强度。

最早的商用热塑性弹性体是 SBS 和 SIS 三元嵌段共聚物,始于 1965 年。最初只用于鞋底模、热熔胶黏剂和注塑橡胶产品。为进一步拓展其应用范围,在 20 世纪 70 年代早期,通过氢化反应使这些聚合物更稳定。由于完全氢化的苯乙烯嵌段共聚物耐油性较差,导致了选择性氢化橡胶嵌段共聚物的产生。通过使聚合物选择性氢化,SBS 转变为苯乙烯-乙烯-丁烯-苯乙烯(SEBS)共聚物,而 SIS 转变为苯乙烯-丙烯-苯乙烯(SEPS)共聚物。在20世纪70年代,出现了更多的嵌段共聚物以及星形结构聚合物。这个更大范围的聚合物家族中包括苯乙烯含量从10%到超过70%,其中苯乙烯含量大于50%的橡胶嵌段共聚物,也就是所谓的苯乙烯热塑性弹性体,它们应用于胶黏剂、沥青改性剂、聚合物改性剂和黏度改性剂,全球总产量超过 10^6 t。

第二节 高分子合成工艺实训

在高分子合成中,在掌握聚合机理、工业实施方法、聚合特征等知识的基础上,通过小型聚合装置来锻炼学生的现场能力和动手操作,对于提高职业素养尤为重要。逐步聚合和连锁聚合反应是合成高分子材料的重要方法,涤纶、尼龙、石油树脂、聚氨酯等常见的高分子材料,都是通过这些反应制备的。高分子合成工艺实训包括聚对苯二甲酸乙二醇酯(PET)、尼龙-66、C_5 石油树脂等几个小型聚合装置的操作运行,让学生掌握每个项目的聚合机理,掌握开车、停车、洗釜、设备维护等与高分子化工工艺紧密相连的理论和实践知识。

项目十七 聚对苯二甲酸乙二醇酯(PET)聚合工艺

一、实训目的

(1) 通过聚对苯二甲酸乙二醇酯(PET)的聚合了解缩聚反应的特点,掌握缩聚反应的工业实施方法。

(2) 掌握 PET 生产工艺和操作方法,掌握 PET 生产紧急事故处理方法。

二、实训原理

本实训是以对苯二甲酸(PTA)和乙二醇(EG)为原料采用间歇法进行酯化反应的聚合装置操作,反应先生成低聚体(BHET),再进行聚合反应得到所需的产品聚酯(PET)切片。

$$n_1 \text{HOOC-C}_6\text{H}_4\text{-COOH} + (n_1+1)\text{HOCH}_2\text{CH}_2\text{OH} \xrightleftharpoons{260℃} \text{HOCH}_2\text{CH}_2\text{OOC-C}_6\text{H}_4\text{-COO}[\text{CH}_2\text{CH}_2\text{OOC-C}_6\text{H}_4\text{-COO}]_{n_1}\text{CH}_2\text{CH}_2\text{OH} + 2n_1\text{H}_2\text{O}$$

缩聚反应物料衡算在以上反应中,酯化反应同时也存在着预缩聚反应,此反应为低聚体反应,由于该反应的存在,反应生成的 EG 可作为酯化用 EG,所以 EG 投料摩尔比应小于2,取 1.25。现以 PTA 投料量为 5kg 来计算,求反应副产物 H_2O、EG 理论接收量、理论实耗量及理论切片产量。

$$n_2 \text{HOCH}_2\text{CH}_2\text{OOC-C}_6\text{H}_4\text{-COO}[\text{CH}_2\text{CH}_2\text{OOC-C}_6\text{H}_4\text{-COO}]_{n_1}\text{CH}_2\text{CH}_2\text{OH} \xrightarrow[260\sim290℃]{<70\text{Pa 真空度}} \text{HOCH}_2\text{CH}_2\text{OOC-C}_6\text{H}_4\text{-COO}[\text{CH}_2\text{CH}_2\text{OOC-C}_6\text{H}_4\text{-COO}]_{n_1 n_2}\text{CH}_2\text{CH}_2\text{OH} + (n_2-1)\text{HOCH}_2\text{CH}_2\text{OH}$$

因为 EG 投料摩尔比为 1.25:

所以 EG(投料量)$=1.25\times 62\times \dfrac{5}{166}=2.33$(kg)

又 $\dfrac{n_1+1}{n_1}=1.25$,$n_1=4$(酯化聚合度)

$X_1(H_2O)=\dfrac{2n_1\times 18\times 5}{166n_1}=1.08$(kg)

$$n_1 \underset{\text{COOH}}{\overset{\text{COOH}}{\bigcirc}} + (n_1+1)HOCH_2CH_2OH \underset{260℃}{\rightleftharpoons} \underset{\text{COO}\{CH_2CH_2O\}_{n_1}H}{\overset{\text{COOCH}_2CH_2\}OH}{\bigcirc}} + 2n_1H_2O$$

$166(n_1)$ $192n_1+62$ $2n_1\times 18$
5 X_2 X_1

X_2(酯化液)$=\dfrac{(192n_1+62)\times 20}{166n_1}=\dfrac{(192\times 4+62)\times 5}{166\times 4}=6.25$(kg)

所以 H_2O 理论接收量为 1.08kg

因为低真空后聚合度为 16,即 $n=16$。

$$n_2 \underset{\text{COO}\{CH_2\}_{n_1}CH_2OH}{\overset{\text{COOCH}_2CH_2\}OH}{\bigcirc}} \underset{260\sim 290℃}{\overset{<70\text{Pa 真空度}}{\rightleftharpoons}} \underset{\text{COO}\{\}_{n_1 n_2}CH_2CH_2OH}{\overset{\text{COOCH}_2CH_2\}OH}{\bigcirc}} + (n_2-1)HOCH_2CH_2OH$$

$n_2\times(192n_1+62)$ $192n_1\times n_2+62$ $(n_2-1)62$
6.25 X_4 X_3

其中 $n=n_1\times n_2=16$,$n_2=\dfrac{n}{n_1}=\dfrac{16}{4}=4$

所以 $X_3=\dfrac{6.25\times(n_2-1)\times 62}{n_2\times(192n_1+62)}=\dfrac{6.25\times(4-1)\times 62}{n_2\times(192\times 4+62)}=0.35$(kg)

低真空 EG 理论收集量为 0.35kg。

$X_4=6.25-0.35=5.9$(kg)(低真空结束后聚合物量)

因为高真空结束后聚合度为 100,即 $n=100$。

即 $n=n_1\times n_2\times n_3$

$$n_3=\dfrac{n}{n_2\times n_1}=6.25$$

$$n_3 \underset{\text{COO}\{\}_{n_1}CH_2CH_2OH}{\overset{\text{COOCH}_2CH_2\}OH}{\bigcirc}} \underset{260\sim 285℃}{\overset{<70\text{Pa 真空度}}{\rightleftharpoons}} \underset{\text{COO}\{\}_n CH_2CH_2OH}{\overset{\text{COOCH}_2CH_2\}OH}{\bigcirc}} + (n_3-1)HOCH_2CH_2OH$$

$n_3\times(192n_1\times n_2+62)$ $192n+62$ X_5
5.9 X_6 X_5

$$X_5=\dfrac{5.9\times(n_3-1)\times 62}{n_3\times(192n_1\times n_2+62)}=\dfrac{5.9\times(6.25-1)\times 62}{6.25\times(192\times 4\times 4+62)}=0.098\text{(kg)}$$

三、实训仪器和试剂

仪器：5L PET 小型聚合装置，切粒机。

试剂：对苯二甲酸，乙二醇，三氧化二锑等。

四、实训步骤

PET(5L) 聚合装置见图 4-4。

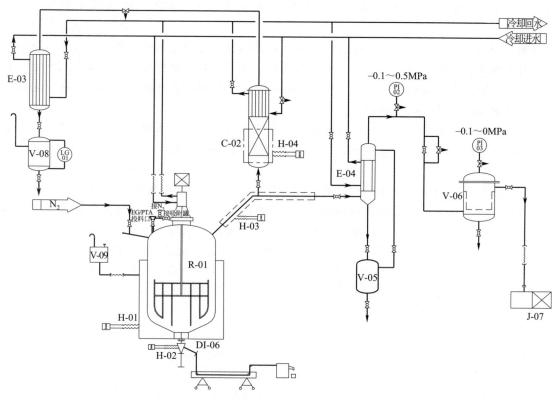

图 4-4　PET(5L) 聚合装置

R-01—反应釜；V-09—热媒膨胀罐；E-03—酯化冷凝器；V-08—酯化水接收罐；
H-01，H-02，H-03，H-04—电加热器；C-02—工艺塔；V-05—粗 EG 接收罐；
E-04—缩聚冷凝器；V-06—真空缓冲罐；J-07—真空泵

（一）开车操作

1. 投料

（1）投料准备　如图 4-4 所示，打开反应釜（R-01）到工艺塔（C-02）之间的电动球阀及工艺塔（C-02）到酯化冷凝器（E-03）之间的微调阀，让反应釜处于常压状态；检查铸带孔，保证其处于密封状态；打开电加热器启动按钮，开始升温。釜夹套温度（TE-02）可控制在 120℃（设定值）。投料前，釜夹套需要预热。

（2）投料

① 打开投料口球阀，把计量好的乙二醇大部分通过加料斗加入反应釜内，留下少量乙二醇待用，加料完毕后，启动搅拌器，搅拌器的转速调为 80r/min（50Hz），然后在投料口缓慢加入对苯二甲酸和催化剂三氧化二锑的混合物，最后用剩余的 EG 冲洗加料斗。

② 采用烧瓶将物料先人工搅拌成浆料，再投入反应器中，此方法可减少物料在料斗中

的黏结。

③ 投料结束后，关闭投料口的球阀，盖好加料斗的盖板，让物料在反应釜内分散 10min 左右，准备进 N_2 置换步骤。

④ 关闭反应釜（R-01）与工艺塔（C-02）之间的电动球阀，和反应釜（R-01）与缩聚冷凝器（E-04）之间的球阀，检查与釜相关的其他阀门已处于关闭状态（压力表阀除外），打开 N_2 球阀，用 N_2 置换釜内空气，通过 N_2 置换压力为 0.15MPa，10s 后开始排气。

2. 酯化

（1）关闭工艺塔（C-02）出口至酯化冷凝器（E-03）之间的微调阀和球阀，关闭塔顶冷凝器的进水阀，并把塔顶冷凝器的冷却回水阀置于打开位置，防止升温时冷却水被汽化而无法排出。当酯化水开始接收时，打开酯化冷凝器（E-03）冷却水进出口阀门，并在冷凝器出口用一带刻度的烧杯接收冷凝液。

（2）酯化过程采用加压进行，在升温前向反应釜内加入一定压力的氮气。一般压力控制在 0.1MPa（表压），当压力达到时，关闭氮气进口阀，准备升温。酯化过程处于高速搅拌状态下。

（3）在控制面板上设定釜夹套温度（TE-02）为 260℃，使电加热器处于供热状态，开始升温。在升温过程中，监控釜内物料温度（TE-01），注意釜内的压力变化情况，当釜内压力超过表压（0.40MPa）时，要稍打开塔顶出口微调阀，缓慢释放釜内的压力，压力降到设定值（0.3MPa）时关闭微调阀，手动控制釜内压力恒定在表压 0.3MPa。

（4）反应釜（R-01）与缩聚冷凝器（E-04）之间的气相管道用电热带保温。

3. 酯化操作注意事项

（1）操作人员要及时关注釜内压力，防止超压运行。

（2）当釜内物料温度（TE-01）达到 240℃时，调节 TV-01 的开度，把塔顶温度（TE-06）控制在 120℃，此时酯化反应已开始，反应生成的水须从工艺塔（C-02）塔顶分离出系统，打开酯化冷凝器（E-03）冷却进水阀和出水阀，同时缓慢释放系统内的压力，最后降至常压。出水过程一般需要 1~1.5h，在这个过程中保持反应釜内的压力缓慢降低。

（3）观察烧杯内酯化水的接收量，当接收的酯化水量达到理论出水量时，可判断酯化反应已完成，此时塔顶温度会明显下降，准备进入缩聚阶段。

（4）在酯化过程结束后，可以应工艺的要求，从加料口加入各种助剂。

（5）本装置是通过控制热媒夹套温度（TRC-02），间接控制釜内物料温度（TE-01），热媒夹套温度（TRC-02）可根据工艺条件设定。

4. 缩聚

（1）在酯化末期，缩聚冷凝器（E-04）气相出口阀处于关闭状态，启动真空泵，给真空缓冲罐（V-06）建立真空。

（2）打开缩聚冷凝器（E-04）冷却水进水阀和出水阀，打开缩聚冷凝器（E-04）和粗乙二醇接收罐（V-05）之间的平衡阀及冷凝器液相出口阀，关闭粗乙二醇接收罐（V-05）排净阀。

（3）打开反应釜与缩聚冷凝器之间的球阀，关闭反应釜与工艺塔之间的球阀，切换到缩聚系统。

（4）为提高缩聚反应速率，就要提高反应的温度，在建立真空的同时，开始给物料加热，在控制面板上设定热媒夹套温度（TRC-02）为 278℃（该温度可以根据工艺调整），并保持热媒夹套温度（TRC-02）在这一温度，直到釜内物料温度（TE-01）达到 273℃时，停止加热,防止温度过高而引起产品质量下降。

5. 缩聚操作注意事项

(1) 在升温的同时,建立低真空,为防止建立真空过快,把物料带入缩聚冷凝器,建立真空的过程必须控制速度,低真空过程一般如表 4-5 所示。

表 4-5　真空度调整对照

时间/min	真空度/MPa	时间/min	真空度/MPa
0	0	30	-0.06
10	-0.02	40	-0.08
20	-0.04	50	-0.1

低真空建立是通过缩聚冷凝器(E-04)和真空缓冲罐(V-06)之间的真空微调阀调节的。

(2) 达到高真空以后,打开缩聚冷凝器(E-04)和真空缓冲罐(V-06)之间的球阀,注意缩聚冷凝器顶部的温度(TI-07)变化情况,当温度有明显下降时,表明乙二醇的量已经很少,可以关闭冷凝器底部出口阀,以防止粗乙二醇蒸发影响真空度。高真空通过麦氏真空计测得。

(3) 麦氏真空计中的水银是重金属,在使用和更换时,要防止其外泄。水银为液态银白色金属,在常温下就能挥发,水银蒸气有很大的毒性,可以通过呼吸道进入神经系统,使人中毒。如果不小心碰到皮肤上也会进入人体,影响健康。

(4) 换挡　随着缩聚反应的进行,物料黏度增加,反映为搅拌电机功率(WI-01)的增加。缩聚反应初期,搅拌功率为 50Hz,缩聚反应后期,搅拌功率降为 25Hz。具体换挡时间可根据搅拌功率达到某一值时确定。

(5) 反应终点判断,聚合物的聚合度在一定的温度和压力条件下可根据物料的黏度来判断,具体反映为搅拌电机的功率(WI-01),综合电流、功率来判断,具体温度参数可在实际操作中获得,约是换挡后的 1.5 倍。反应终温(TI-01)一般控制在 278℃,可根据降温点(停止加热时的温度)调节。

6. 切粒

(1) 切粒准备

① 在缩聚末期,调整并固定好冷却水槽的位置,向冷却水槽中注入新鲜的自来水,保证冷却水槽内液位达到 2/3 的位置。冷却水的温度在 25℃ 左右。

② 检查切粒机的供电状态,确认切粒机的切割室已清理干净,准备一个塑料桶来盛切片。启动切粒机(Cu-12),准备切粒。

(2) 开始切粒

① 缩聚反应结束后,关闭缩聚冷凝器和反应釜之间的球阀,打开氮气球阀,往反应釜内充氮气,破除真空。当压力表(PI-01)恢复到 0.0MPa 时,关闭氮气球阀,釜内处于常压状态。

② 拆除反应釜底部铸带孔的密封螺栓,打开氮气球阀,继续向釜内充氮气,直至聚酯铸条能顺利从釜中排出,釜内氮气的压力(PI-01)可以控制出料的速度。釜内氮气出料压力以 50kPa 为宜。

③ 铸条落入冷却水槽后,手动顺着冷却水槽牵引至切粒机入口处切粒。切粒过程中可调节切粒机转速(调速旋钮),控制切粒的速度和切片的大小,冷却水的温度如果偏高,可

置换一部分水。

④ 切粒完成后,停止切粒机(Cu-12),把反应釜的铸带孔处用小铲子清理干净,拧上密封螺栓备用,并打开粗乙二醇接收罐的排净阀,把粗乙二醇排掉。然后关闭两阀(密封螺栓是否密封,可向釜内充入0.4MPa的N_2,通过观察釜上压力表的变化,判断是否泄漏)。

⑤ 切好粒的聚酯切片放入干燥箱,干燥后的切片即为成品切片,待密封检查合格后,便可进行下一批生产,如果不进行下一批的操作,则需要对反应釜进行洗釜作业。

(二) 开停车操作

1. 首次开车

首次开车是指本装置安装结束后的第一次投料试运转,包括单机调试、系统试运行以及其他一切准备工作。装置经重新拆装、检修或长期停车后的再次投料生产也可按首次开车的要求来操作,具体操作规程如下:

(1) 试压及检漏 装置安装结束后,首先在冷态条件下对系统进行试压并检漏,分为两步。第一步试压对象为反应釜、工艺塔、缩聚冷凝器、粗乙二醇接收罐、缓冲罐及其连接管道,关闭该系统所有出口阀门以及通向大气和真空泵的阀门,打开系统内部的所有阀门,打开釜上氮气阀门,向系统内充氮气加压,当系统内压力达到0.1MPa(表压)时,关闭氮气阀门进行保压,保压时间为4h,在此期间注意观察反应釜上压力表是否有下降趋势,如果压力下降则证明系统有泄漏点,可用打肥皂液的办法找出泄漏点,并消除泄漏点。然后重新试压,直到保压4h系统压力不下降为止。第二步试压对象为反应釜和工艺塔,第一步试压结束后,关闭反应釜和缩聚冷凝器之间的球阀,并可把缩聚系统放空,然后打开氮气球阀继续给反应釜和工艺塔充氮气加压,当系统压力达到0.45MPa(表压)时,关闭氮气阀门进行保压,保压时间为4h,具体操作和第一步相同,直到保压4h系统压力不下降为止。试压结束后,打开反应釜的测压口针形阀把系统内的压力释放掉。

(2) 试真空 试压及检漏通过后,对系统进行真空检漏,真空检漏的对象为反应釜、缩聚冷凝器、粗乙二醇接收罐、真空缓冲罐、真空泵及相关设备之间的连接管道。在试真空之前先对真空泵进行测试,关闭真空泵与真空缓冲罐之间的阀门,检查真空泵的油位是否达到要求,如油位偏低则需要补加,然后启动真空泵,注意真空泵运转是否正常,有无特殊响声,电机是否超负荷运行,极限真空度是否达到要求,真空泵检验合格后开始对系统抽真空。此时真空系统连接大气的阀门必须全部处于关闭状态,打开阀门对系统进行抽真空,当系统真空达到20Pa(绝压)以下时,关闭真空泵与真空缓冲罐之间的阀门,并可停止真空泵的运转。真空系统保持4h,在此期间可用真空计在反应釜的测压口测系统的压力,如果8h内增压率不超过1%,则试真空通过。如不能通过则须重新试压检漏,直到合格为止。

(3) 设备试运行及水洗 设备试运行之前,先把冷却水、氮气、电源接通,冷却水先循环一段时间,把系统内的空气排放掉。清洗设备之前,把铸带孔板拆除,再封闭出料孔。从反应釜进料孔加水3.5L。接通轴封的冷却水循环,然后启动反应釜搅拌,注意搅拌运转是否正常,有无特殊响声,电机是否超负荷运行,设备正常运行4h后,可以停止运行,并拆开底部密封螺栓,把反应釜内的水排放干净。

(4) 注油升温 PET聚合装置热媒采用氢化三联苯,检查热媒排放口是否封闭,然后从高位膨胀槽填充热媒,热媒填充到膨胀槽1/5液位为止,注油量为20L。导热油中含有少部分水及低沸物,需在初次升温过程中缓慢脱除,故在升温过程中不宜过快,以保证水及低沸物完全脱除。初次升温速率如下:常温至120℃(40℃/h);120℃恒温1h;150℃恒温20min,120~220℃(40℃/h);在油温升到220℃时安排人热紧,220~300℃(50℃/h,通过调整可控硅设定电加热器）。升温时反应釜处于放空排净状态，升温过程中要密切注意热媒的温度变化情况，并检查膨胀槽液位。做好防火安全措施，确保安全。正常试验时，升温速率以 60～120℃/h 为宜，且膨胀槽处于常压状态。温度升至 300℃ 时，液相热媒的膨胀量为 22%。

（5）热态试运行　热态试运行为首次开车成功打下基础，在热态试运行的过程中，可以测试装置在工作温度条件下的运行状况，以及校对双金属温度计及温度变送器的温度偏差，同时还可清洗系统工艺管道。热态试运行的物料为水和新鲜乙二醇，第一步采用水洗，向反应器中加入洁净水 3L，关闭气相出口到缩聚冷凝器之间的闸阀，打开酯化系统的所有阀门，开始缓慢升温，当釜内达到一定温度时，水蒸发上升至工艺塔，水蒸气在塔顶冷凝后的冷凝液回流到反应釜，可以清洗工艺塔及相关管线，当釜内温度接近 100℃ 时，关闭柱顶分凝器的进出水阀门，并排掉分凝器内的冷却水，水蒸气通过塔顶冷凝器冷凝，烧杯中接收到冷凝液时，可根据水在常压下的沸点来校对釜内温度和塔顶温度的偏差，当冷凝液接收到 1L 时，把系统切换到缩聚部分。把缩聚冷凝器出口阀门关闭，蒸汽通过缩聚冷凝器冷凝后回流至接收罐，达到清洗缩聚系统的目的，当冷凝液接收到 1L 时，可停止升温，当温度冷却至 50℃ 以下时，打开釜底出料口，把釜内剩余的水排掉。水洗完毕后，用乙二醇洗釜，向釜内加入乙二醇 3L，操作步骤同水洗，乙二醇在常压下的沸点为 198℃，因此釜内温度会达到 198℃，当系统温度达到 180℃ 时，可对系统中螺栓连接的地方进行热紧固，防止热膨胀后产生泄漏。乙二醇洗釜完毕后，对系统再做一次真空实验，真空实验合格后，把铸带孔板安装在反应釜出料口，并密封出料口，可以准备投料生产。

2. 停车洗釜

停车是指装置长期停止使用或需要检修及重新拆装时的操作，目的是保护设备及为再次使用做准备，包括 EG 带压洗釜、热媒排放、有关设备的保护措施等操作。

（1）乙二醇（EG）带压洗釜　PET 聚合装置生产的产品 PET 熔体黏度很高，流动性能差，出料后，会有少部分熔体残留在釜壁和搅拌器表面，当温度下降后，聚酯熔体会固化在釜壁和搅拌器表面，聚酯熔点很高，不易清除，因此常用 EG 带压洗釜的方式处理，EG 在一定温度下可以使聚酯发生降解反应，降低熔点并增加在 EG 中的溶解度，从而达到清洗的目的。装置停车时，应用 EG 带压洗釜的方式把反应釜处理干净，具体操作如下。

清洗设备之前，把出料堵头拆除，再换上洗釜接头并保持密封状态。从反应釜进料孔加乙二醇 3L。然后启动反应釜搅拌，关闭气相出口到缩聚冷凝器之间的球阀，打开酯化系统的阀门，开始缓慢升温，当釜内达到一定温度时，EG 蒸发上升至工艺塔，EG 蒸气在塔顶冷凝后的冷凝液回流到反应釜，可以清洗工艺塔及相关管线，当釜内温度接近 198℃ 时，关闭柱顶分凝器的进水阀门，同时关闭工艺塔出口阀门，系统内的压力逐渐上升，反应釜内的温度也随之上升，当反应釜内温度达到 240℃ 时，保持反应釜的温度半小时，可停止升温，再打开柱顶分凝器冷却水进水阀，通过内回流使釜内 EG 降温、降压，检查 E-03 的冷却水进出口阀置于打开状态，然后缓慢打开工艺塔（C-02）与酯化冷凝器（E-03）之间的微型调节阀，缓慢释放系统压力，待达到常压后，通过加料器向釜内加入 0.2L 冷 EG，温度冷却至 150℃ 以下时，采用专用工具，打开釜底出料口，把釜内剩余的 EG 及降解产生的低聚物排放掉。

整个洗釜的过程中，一定要严格控制 EG 的温度和压力，防止被 EG 烫伤或 EG 蒸气泄漏，注意安全。清洗过程中及排放洗釜 EG 时，应做好防护措施，戴好防护面具和防护手套，并准备有效的消防器材，确保安全。

(2) 热媒排放　当热媒需要排放时，首先把夹套内热媒的温度降到50℃以下，拆开釜底保温板及保温棉，用扳手打开夹套底部的热媒排净口螺栓，把热媒收集在容器中。如果温度太低，不易排放时，可在放空口用氮气加少许的压力，使热媒能顺利排出。

将热媒保存在密闭的容器内，并置于阴凉处。再次拧紧夹套底部的热媒排净口螺栓时，要更换新的金属缠绕垫片。

3. 注意事项

(1) 为保证设备及人身安全，所有通电设备（包括电机、控制柜等）必须断电。真空泵循环液需要排放或更换。切粒机需要清理干净。

(2) 由于是间断生产，反应釜底会有高黏度的物料沉积，搅拌器就会凝固在高黏度的物料里，如果不小心启动搅拌器，会引起搅拌器发生形变。如果物料还没有完全熔化，在有部分固体料存在的情况，会引起搅拌器、固体料和釜壁有卡住的现象，导致搅拌器发生形变，损坏搅拌器。

(3) 每釜物料的量超过设计值，在超高黏度和低转速下也会引起搅拌器超负荷运行，会引起搅拌器发生形变。

(4) 每次实验完后，必须切断总电源。

五、思考题

(1) PET主要有哪些用途？
(2) 为控制酯化阶段中间产物质量，需要注意哪些细节？
(3) 怎么控制聚合阶段反应终点？
(4) 清理聚合釜内残留物应注意哪些细节？

知识介绍

聚对苯二甲酸乙二醇酯（PET）简介

聚对苯二甲酸乙二醇酯，英文缩写为PET，为对苯二甲酸和乙二醇经酯化和缩聚反应而制得的一种高分子，属聚酯的一种。所谓聚酯，通常是由二元酸和二元醇经酯化和缩聚反应而制得的一种高分子缩聚物，高分子链都是以酯基相连。

聚酯是制造聚酯纤维、涂料、薄膜以及工程塑料的原料，因为使用原料或中间体不同，这类缩聚物的品种数不胜数。根据主链中是否带有苯环可分为芳香族聚酯和脂肪族聚酯两大类。

聚酯是盖-吕萨克（J. Gay-Lussac）和贝鲁泽（J. Pelouze）在1833年加热乳酸时首先发现的。

英国是聚酯纤维的发明国，当时由于受第二次世界大战的影响，对于聚酯研究成果的推广无力顾及，直到战后的1947年，英国帝国化学工业公司才着手向加尔科印染者协会购买了除美国以外的世界专利权。1949年完成中间试验，1955年建成了规模为年产100万磅（1b=0.4536kg）的生产装置，比美国工业化时间落后两年多。

美英两国聚酯装置的建成和投产，使世界各国对聚酯工业产生了极大的兴趣。各主要工业生产国家都争先购买专利，积极开展研究并相继建厂生产。从此以后，聚酯工业作为崭新的工业部门，在全世界各地蓬勃兴起，新的技术专利大量涌现，新品种不断增加。

聚酯具有优良的物理、化学和力学性能，工业化生产以来，在国民经济中应用极广。由于它可纺性好，纤维织物有良好的服用性，耐皱而且价格适宜等特点，受到人们的欢迎。所以聚酯纤维是用量最大、发展最快的主导品种，得到了飞速的发展。

项目十八　尼龙-66聚合工艺

一、实训目的

（1）掌握由己二酸己二胺盐熔融缩聚制备尼龙-66小型实验方法，聚合开车操作，停车操作，事故处理方法。

（2）学会由己二酸己二胺盐熔融缩聚制备尼龙-66的机理。

二、实训原理

逐步聚合机理，缩聚反应特征等见项目十一。

三、实训仪器和试剂

仪器：2L尼龙-66小型聚合装置，切粒机。

试剂：尼龙-66盐，去离子水，盐酸，氢氧化钠等。

四、实训步骤

尼龙-66（2L）聚合装置如图4-5所示。

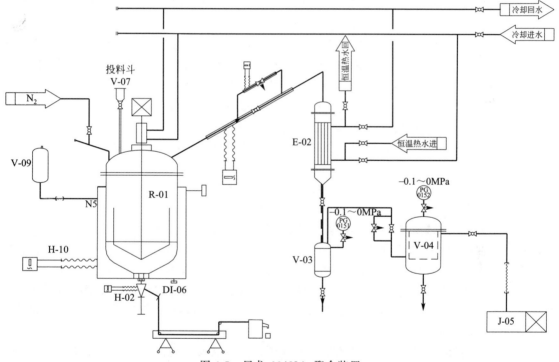

图4-5　尼龙-66（2L）聚合装置

V-09—热媒膨胀罐；H-02，H-10—电加热器；R-01—反应釜；V-07—投料口；
V-03—接收罐；E-02—冷凝器；V-04—真空缓冲罐；J-05—真空泵

（一）开车操作

1. 投料

（1）投料准备　如图4-5所示，检查整个装置是否已被清洗干净；检查热媒膨胀罐的液位是否处于正常状态；关闭反应釜（R-01）到冷凝器之间的球阀和微调阀，让反应釜处于密闭状态；检查铸带孔，保证处于密封状态；打开电加热器启动按钮，开始升温。釜夹套温度（TE-0101）可控制在150℃（设定值）。投料前，釜夹套需要预热。

（2）投料　在反应釜内温度达到80℃左右时，打开投料斗的盖板，并打开投料口球阀，把计量好的己二酸己二胺盐（尼龙-66 盐）和水加入釜内，加料完毕后，启动搅拌器，搅拌器的转速为 80r/min（50Hz），加料完毕后关闭球阀，盖好盖板。

要特别注意，在打开反应釜投料阀门前，需确认反应釜压力为常压，带压力开阀门有可能会造成人身伤害。采用烧瓶将物料先人工搅拌成浆料，再投入反应器中，此方法可减少物料在料斗中的沾带。投料结束后，氮气置换，并将物料在釜内分散 10min，准备进入脱水阶段。

2. 脱水

（1）关闭反应釜出口至冷凝器之间的球阀，打开冷凝器的进水阀，并把塔顶冷凝器的冷却出水阀置于打开位置，防止脱水时冷却水被汽化而无法收集。当水开始接收时，在冷凝器出口用量筒接收冷凝液。

（2）脱水过程釜内压力和温度成反比。一般压力控制在 0.20~0.25MPa 之间（表压）。脱水过程处于全速搅拌状态下。

（3）打开气相出口，开始加热，温度目标为 180℃（这个参数根据工艺的要求适当调整），在控制面板上设定釜夹套温度（TI-02）为 220℃，使电加热器处于供热状态，开始升温。在升温过程中，监控釜内物料温度（TE-0102）。

（4）注意釜内的压力变化情况，当釜内压力超过表压 2.0MPa 时，要稍打开气相出口微调阀，缓慢释放釜内的压力，压力降到设定值时调小微调阀阀门，手动控制釜内压力恒定在表压 2.0MPa。保压 1h，然后开始缓慢泄压。使釜内温控制在 180~250℃。

（5）观察烧杯内水的接收量，当接收水量达到理论出水量时，可判断反应已完成，此时釜内压力会明显下降。准备进入缩聚阶段，泄压约 1h。

（6）在脱水过程的后期，可以应工艺的要求，从助剂加料口加入各种助剂。

3. 聚合

（1）在开环脱水期，气相出口阀（QV-05）和微调阀处于关闭，打开真空缓冲罐与冷凝器之间的球阀，启动真空泵，给真空缓冲罐建立真空。

（2）升温　为提高缩聚反应速率，就要提高反应的温度，在建立真空的同时，给物料开始加热，在控制面板上设定釜夹套温度（TE-0101）为 260℃并保持这一温度，控制釜内物料温度（TE-0102）达到 260℃左右。缩聚期间会放热，所以温度可以设置为 255℃。

（3）在升温的同时，建立低真空，为防止建立真空过快，把物料带入缩聚冷凝器，建立真空的过程必须控制速度，低真空过程与表 4-5 基本一致。低真空建立是通过冷凝器和反应釜之间的微调阀控制。

（4）到达高真空以后，打开气相出口的球阀，注意缩聚冷凝器顶部的温度变化情况，高真空通过麦氏真空计测得。

（5）换挡　随着缩聚反应的进行，物料黏度增加，反映为搅拌功率（WT-01）和扭矩的增加，缩聚反应初期，搅拌频率为 50Hz，缩聚反应后期，搅拌频率降为 25Hz，在搅拌功率（WT-01）突然波动时则开始换挡。

（6）反应终点判断　聚合物的聚合度在一定的温度和压力条件下可根据物料的黏度来判断，具体反映为搅拌电机的功率（PI-01）。因此反应终点可以综合电流、功率来判断，具体温度参数可在实际操作中获得，一般是换挡后功率的 1.5 倍即可停止。反应终温（TE-0102）一般控制在 270℃以下，可根据降温点（停止加热时的温度）调节。

4. 切粒

（1）切粒准备

① 在缩聚末期，调整并固定好冷却水槽的位置，向冷却水槽注入新鲜的自来水，保证冷却水槽内液位达到 2/3 的位置。冷却水的温度在常温。

② 检查切粒机的供电状态，确认切粒机的切割室已清理干净，准备一个塑料桶来盛切片。启动切粒机，准备切粒。

(2) 开始切粒

① 缩聚反应结束后，关闭缩聚冷凝器和反应釜之间的球阀，关闭真空泵球阀，打开氮气球阀，往反应釜内充氮气，破除真空。当压力表（PI-01）恢复到 0.0MPa 时，关闭氮气球阀，釜内处于常压状态，静置 5min。

② 拆除反应釜底部铸带孔的密封螺栓，打开氮气球阀，继续向釜内充氮气，直至聚酰胺铸条能顺利从釜中排出，釜内氮气的压力（PT-0103）可以控制出料的速度。釜内氮气出料压力以 60kPa 为宜。

③ 铸条落入冷却水槽后，手动顺着冷却水槽牵引至切粒机入口处切粒。切粒过程中可调节切粒机转速（调速旋钮），控制切粒的速度和切片的大小，冷却水的温度如果偏高，可置换一部分水。

④ 切粒完成后，停止切粒机，把反应釜的铸带孔处用小铲子清理干净，拧上密封螺栓备用，然后关闭两阀。

(二) 停车操作

停车是指装置长期停止使用或需要检修及重新拆装时的操作，目的是保护设备及为再次使用做准备，包括碱水带压洗釜、热媒排放、有关设备的保护措施等操作。

1. 碱水带压洗釜

尼龙-66 聚合装置生产的产品尼龙-66 熔体黏度很高，流动性能差，出料后，会有少部分熔体残留在釜壁和搅拌器表面，当温度下降后，尼龙-66 熔体会固化在釜壁和搅拌器表面，熔点很高，不易清除，因此常用碱水带压洗釜的方式处理，碱水在一定温度下可以使尼龙-66 发生降解反应，降低熔点并增加在水中的溶解度，从而达到清洗的目的。装置停车时，应用碱水带压洗釜的方式把反应釜处理干净，具体操作如下。

清洗设备之前，把出料堵头拆除，再换上洗釜专用阀门。第一遍清洗，从反应釜进料孔加碱液 1L，关闭气相出口到缩聚冷凝器之间的球阀，设定目标温度为 240℃开始升温。到达设定温度后，手动盘动搅拌后，开启搅拌。继续升温到 260℃，当压力超过 2000kPa 时，缓慢开启缩聚球阀泄压到 2000kPa 以下，保压 1h。到时间后，停止加热，通过缩聚球阀慢慢泄压到常压，当温度降到 150℃以下时，开启排放阀排掉洗釜液。同时，用烧杯接收粗接收罐的水。

第二遍清洗，关闭排放阀，再次从反应釜进料孔加纯水 1L。然后启动反应釜开始搅拌，关闭气相出口到缩聚冷凝器之间的球阀，开始缓慢升温，当釜内达到一定温度时，水蒸气冷凝后变为冷凝液可以用来清洗工艺塔及相关管线，系统内的压力逐渐上升，反应釜内的温度也随之上升，当反应釜内温度达到 240℃时，保持反应釜的温度半小时，可停止升温，待降至常压后，釜内温度降到 160℃以下时，开启排放阀排掉洗釜液。同时，用烧杯接收粗接收罐的水。

2. 热媒排放

当热媒需要排放时，首先把夹套内热媒的温度降到 50℃以下，拆开釜底保温板及保温棉，用扳手打开夹套底部的热媒排净口螺栓，把热媒收集在容器中。如果温度太低，不易排放时，可在放空口用氮气加少许的压力，使热媒能顺利排出。

3. 注意事项

为保证设备及人身安全,所有通电设备(包括电机、控制柜等)必须断电。真空泵循环液需要排放或更换。切粒机需要清理干净。

由于是间断生产,反应釜底会有高黏度的物料沉积,搅拌器就会凝固在高黏度的物料里,如果不小心启动搅拌器,会引起搅拌器发生形变。如果物料还没有完全熔化,在有部分固体料存在的情况下,会引起搅拌器、固体料和釜壁卡住的现象。导致搅拌器发生形变,损坏搅拌器。因此,在启动搅拌器时,应当先手动盘动搅拌器,在无阻碍时,方可启动搅拌器。

每釜物料的量超过设计值,在超高黏度和低转速下也会引起搅拌器超负荷运行,会引起搅拌器发生形变。

五、思考题

(1) 对比己二酸和己二胺缩聚、尼龙-66 盐制备尼龙-66 有何优缺点?
(2) 在聚合阶段控制产物质量应注意哪些操作?
(3) 由于本工艺聚合压力较高,为了操作安全应注意哪些细节?

知识介绍

丁基橡胶(IIR)

丁基橡胶的英文名是 isobutylene isoprene rubber。它是合成橡胶的一种,由异丁烯和少量异戊二烯共聚合成得到。丁基橡胶具有良好的化学稳定性和热稳定性,最突出的是气密性和水密性。它对空气的透过率仅为天然橡胶的 1/7,丁苯橡胶的 1/5,而对蒸汽的透过率则为天然橡胶的 1/200,丁苯橡胶的 1/140。因此主要用于制造各种内胎、蒸汽管、水胎、水坝底层以及垫圈等各种橡胶制品。

1943 年美国埃索化学公司首先实现了丁基橡胶工业化生产,此后,加拿大、法国等也相继实现了工业化生产。丁基橡胶自实现工业化生产以来,原料路线、生产工艺以及聚合釜的结构形式一直变化不大。丁基橡胶一般采用氯甲烷作稀释剂,水-三氯化铝为引发体系,在低温(-100℃左右,采用乙烯及丙烯作冷却剂)下将异丁烯与少量异戊二烯通过阳离子聚合制得。聚合反应过程具有温度低、速度快、放热集中等特征,且聚合物的分子量随温度的升高而急剧下降。因此,迅速排出聚合热以控制反应在恒定的低温下进行,是生产的主要问题。聚合釜采用具有较大传热面积并装有中心导管的列管式反应器。操作时借下部搅拌器高速旋转,增大内循环量,从而保证釜内各点温度均匀。根据产品不饱和度的等级要求,异戊二烯的用量一般为异丁烯用量的 1.5%~4.5%,转化率为 60%~90%。

为改善丁基橡胶共混性差的缺点,1960 年以来出现了卤化丁基橡胶。这种橡胶是将丁基橡胶溶于烷烃或环烷烃中,在搅拌下进行卤化反应制得。它含溴约 2%或含氯 1.1%~1.3%,分别称为溴化丁基橡胶和氯化丁基橡胶。丁基橡胶卤化后,硫化速度大大提高,与其他橡胶的共混性和硫化性均有所改善,黏结性也有明显提高。卤化丁基橡胶除有一般丁基橡胶的用途外,特别适用于制备无内胎轮胎的内密封层、子午线轮胎的胎侧和胶黏剂等。

项目十九 C_5 石油树脂聚合工艺

一、实训目的

(1) 掌握由 C_5 馏分制备 C_5 石油树脂的小型实验方法,掌握聚合开车操作、停车操作、事故处理方法。

（2）学会由 C_5 馏分经阳离子聚合制备 C_5 石油树脂聚合机理，中和机理等。

二、实训原理

C_5 石油树脂是以裂解制乙烯副产物 C_5 馏分为原料，经阳离子催化聚合得到功能树脂，其数均分子量（M_n）为 300～3000。该树脂主要链节为脂肪烃结构，具有酸值低、混溶性好、耐水、耐乙醇和耐化学药品腐蚀等特性，并具有调节黏性和热稳定性好的特点，因此，广泛应用于橡胶和黏合剂的增黏剂以及高固含量涂料、交通漆、油墨、纸张等方面。另外，C_5 石油树脂还可以进一步接枝改性而用于新的领域。

C_5 馏分聚合为石油树脂的化学反应很复杂，对其反应机理的研究颇多，但多数认为其反应属于阳离子聚合，以主要活泼组分的聚合为例：

异戊二烯的 1,4 加成产物：

$$\begin{array}{c} R \\ | \\ CH_2 \\ | \\ C=CH-CH_2-[CH_2-C=CH-CH_2]_n-CH_2-C=CH \\ | \quad\quad\quad\quad\quad\quad\quad\quad\quad\quad | \quad\quad\quad\quad\quad\quad\quad\quad\quad\quad | \\ CH_3 \quad\quad\quad\quad\quad\quad\quad\quad CH_3 \quad\quad\quad\quad\quad\quad\quad\quad CH_3 \end{array}$$

异戊二烯的 1,3 加成产物：

$$R-CH_2-[CH_2]_n-CH_2-R'$$
（带有 CH=CH_2 和 CH_3 侧基）

另外，C_5 馏分中的环戊烯可以开环加成：

$$\bigcirc \longrightarrow [HC=CH-CH_2-CH_2-CH_2]_n$$

三、实训仪器和试剂

仪器：2L C_5 石油树脂小型聚合装置，切粒机。

试剂：C_5 馏分，三氯化铝，甲苯，氢氧化钠，去离子水等。

四、实训步骤

C_5 石油树脂（2L）聚合装置如图 4-6 所示。

（一）开车操作（参照图 4-6）

1. 聚合

（1）称取一定量的催化剂（三氯化铝）和一定量的溶剂（甲苯），先后加入反应釜（R-01）内，搅拌混合均匀后按计量加入 C_5 馏分，关闭反应釜出口至冷凝器之间的球阀，加料完毕后关闭球阀，盖好盖板。用 N_2 置换两次，最后保持反应釜压力在 0.6MPa 以内。

（2）打开气相出口加热，温度目标为 90℃（这个参数根据工艺的要求适当调整），在控制面板上设定釜夹套温度为 100℃，使电加热器处于供热状态，开始升温。在升温过程中，监控釜内物料温度，搅拌器的转速为 80r/min（50Hz）。

（3）注意釜内的压力变化情况，当釜内压力超过表压 0.9MPa 时，要稍打开气相出口微调阀，缓慢释放釜内的压力，压力降到设定值时调小微调阀阀门，反应 5～6h，然后开始缓慢泄压并降温至室温。

2. 中和

中和水洗的原理是酸碱中和反应，将聚合液中铝离子置换出来，机理如下：

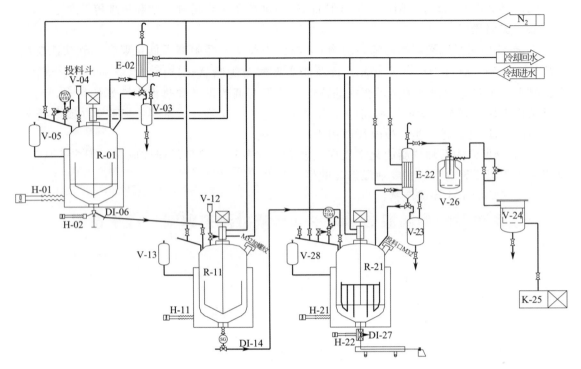

图 4-6 C$_5$ 石油树脂（2L）聚合装置

R-01—反应釜；E-02—回流冷凝器；V-03—冷凝液收集罐；V-04—进料罐；
V-05—热媒膨胀罐；R-11—中和釜；V-12—进料罐；V-13—热媒膨胀罐；
R-21—提纯釜；E-22—冷凝器；V-23—溶剂收集罐；V-24—进料罐；
V-28—热媒膨胀罐；V-26—真空缓冲罐；K-25—冷井；DI-27—铸带头

$$AlCl_3 + 3NaOH \longrightarrow Al(OH)_3 + 3NaCl$$
$$AlCl_3 + 3H_2O \longrightarrow Al(OH)_3 + 3HCl$$
$$Al(OH)_3 + 3NaOH \longrightarrow Na_3AlO_3 + 3H_2O$$
$$2AlCl_3 + 6NaOH \longrightarrow 2Na_3AlO_3 + 6HCl$$

（1）打开反应釜（R-01）出口和中和釜（R-11）的进料口使物料流入中和釜。

（2）称取一定量的碱液从加料口加入水洗釜内，启动搅拌器，搅拌（50Hz）10min 后停止搅拌，静止沉降 15min 后从中和釜（R-11）底部排放碱洗液。

（3）称取一定量的去离子水从加料口加入进行水洗，启动搅拌器搅拌 10min 后静止沉降 15min，将水洗液从中和釜（R-11）底部排放，重复水洗 2 次，控制 pH 值在 7.5～8.5 之间。

3. 汽提脱溶

（1）打开中和釜（R-11）出口球阀和提纯釜（R-21）的进料球阀使物料流入脱溶釜中。

（2）打开气相出口与冷凝器（E-22）间的球阀，打开真空缓冲罐与冷凝器之间的球阀，启动真空泵，给真空缓冲罐建立真空。

（3）升温 为提高缩聚反应速率，就要提高反应的温度，在建立真空的同时，给物料开始加热，在控制面板上设定釜夹套温度为 210℃并保持这一温度，控制釜内物料温度达到 200～210℃，进行减压蒸馏。

（4）在升温的同时，建立低真空，为防止建立真空过快，把物料带入冷凝器，建立真空的过程必须控制速度,低真空过程参照表 4-5。低真空的建立是通过冷凝器和反应釜之间的微调阀控制。

(5) 到达高真空以后,打开气相出口的球阀,注意冷凝器顶部的温度变化情况。

(6) 随着溶剂的脱出,物料黏度增加,搅拌电机的功率(PI-01)会相应增加,当搅拌电机的功率增大至不变时,可以判定脱溶过程结束。

(7) 破除真空,当压力表恢复到 0.0MPa,即釜内处于常压状态时,拆除反应釜底部铸带孔的密封螺栓,打开氮气球阀,向釜内充氮气,直至树脂顺利从釜中排出。

(8) 调整并固定好冷却水槽的位置,向冷却水槽注入新鲜的自来水,保证冷却水槽内液位达到 2/3 的位置。冷却水的温度在 25℃左右。检查切粒机的供电状态,确认切粒机的切割室已清理干净,准备一个塑料桶来盛切片。启动切粒机(CU-31),准备切粒。

(二) 停车洗釜

停车是指装置长期停止使用或需要检修及重新拆装时的操作,目的是保护设备及为再次使用做准备,由于 C_5 石油树脂易溶于丙酮、甲乙酮、乙酸乙酯、三氯乙烷、环己烷、甲苯、汽油等溶剂中,因此,可选择不同种类溶剂带压洗釜、热媒排放。

1. 环己烷带压洗釜

C_5 石油树脂聚合装置生产的产品熔体有一定黏度,流动性能差,出料后,会有少部分熔体残留在釜壁和搅拌器表面,当温度下降后,石油树脂熔体会固化在釜壁和搅拌器表面,不易清除,因此常用溶剂带压洗釜的方式处理,溶剂在一定温度下可以使产品溶解,从而达到清洗的目的。装置停车时,应用溶剂带压洗釜的方式把反应釜处理干净,具体操作如下。

清洗设备之前,关闭出料底阀并保持密封状态。从反应釜进料孔加入 0.5L 环己烷或其他溶剂。然后启动反应釜搅拌,关闭气相出口到回流冷凝器之间的切断球阀,开始缓慢升温,当釜内达到一定温度时,溶剂蒸气在塔顶冷凝后的冷凝液回流到反应釜,可以清洗冷凝器及相关管线,保持反应釜的温度半小时,可停止升温,打开接收罐底部阀门缓慢释放系统压力,待达到常压后,可通过加料器向釜内加入 0.2L 冷有机溶剂,帮助釜体降温,温度降至 60℃以下时,打开釜底出料口底阀,把釜内剩余的溶剂及降解产生的低聚物排放掉。

2. 热媒排放

当热媒需要排放时,首先把夹套热媒温度降到 50℃以下,打开加热器底排放阀,用软管接到油桶中,把热媒收集在容器中。如果温度太低,不易排放时,可在放空口用氮气加少许的压力,使热媒能顺利排出。为保证设备及人身安全,所有通电设备(包括电机、控制柜等)必须断电。液环泵中残留的水需要排尽,防止长时间不用生锈腐蚀泵体。切粒机需要清理干净,除去积水。

由于是间断生产,反应釜底会有高黏度的物料沉积,搅拌器就会凝固在高黏度的物料里,如果不小心启动搅拌器,会引起搅拌器发生形变。如果物料还没有完全熔化,在有部分固体料存在的情况下,会引起搅拌器、固体料和釜壁卡住的现象,导致搅拌器发生形变,损坏搅拌器。因此在低温时启动搅拌器,一定要确认釜已经清洗干净,并且,搅拌一定要先从低速启动,确认没有异物卡住搅拌器以后才能提速到正常搅拌速度。

五、思考题

(1) 原料纯度对聚合有哪些影响?

(2) 怎样通过聚合条件控制产物分子量?

(3) 溶剂对阳离子聚合有哪些影响?

知识介绍

闪蒸和汽提

聚合物生产过程中，脱挥发分分离主要是分离未反应的单体和低沸点溶剂。挥发分的脱除在工业上主要有两种方法，即闪蒸法和汽提法。闪蒸就是在减压的情况下除去物料中的挥发性组分的过程。闪蒸法脱除单体是将处于聚合压力下的聚合物溶液（或常压下的聚合物溶液），通过降低压力和提高温度改变体系平衡关系，使溶于胶液中的单体析出。由于从黏稠的胶液中解析出单体要比在纯溶剂中困难得多，因此，闪蒸操作需在一种专门的设备——闪蒸器中进行。闪蒸器为一种传质和传热的设备，一般为带搅拌器的釜式结构，所以也可称为闪蒸釜。闪蒸釜的材质一般采用不锈钢或碳钢内涂防腐层。闪蒸釜的热量供给可通过夹套和内部热溶剂蒸气加热来实现。为强化闪蒸过程，须使胶液在闪蒸釜中有良好的流体力学状态，以利于过程有较高的效率。此外，为使闪蒸达到良好的效果，闪蒸釜的装料系数要比一般设备选得小一些，以保证有较大的空间。

汽提法是将聚合物胶液用专门的喷射器分散于带机械搅拌器并直接以蒸汽为加热介质的内盛热水的汽提器中。胶液细流与热水接触，溶剂及低沸点单体被汽化。聚合物在搅拌下成为悬浮于水中的颗粒，或聚集为疏松碎屑。溶剂及单体蒸气由汽提器顶部逸出，冷凝后收集。固体聚合物颗粒或絮状物借循环热水的推动由汽提器侧部或底部导出，经过滤振动筛分离，得到具有一定含水量的粗产品。从结构上分类，汽提器可分为塔式结构和釜式结构两种。

第五章

高分子分析与性能测试

> **学习目标**
>
> 掌握红外光谱检测一些典型聚合物的结构；掌握热重分析法、差热分析法、熔体流动速率等热学测试方法基本原理、结构和性能分析特征、影响因素、数据处理等基本知识；掌握聚合物材料力学性能测试的一般规律和特点、影响因素、数据处理等。

高分子结构分析和性能检测是材料现代分析方法之一，是控制生产和科学管理生产的主要技术手段，主要利用现代仪器对聚合物结构、力学性能、热学性能进行表征。例如，分析热力学参数或物理参数随温度变化的关系对物质的结构和组成的影响，利用热分析技术可以快速准确地测定物质的晶形转变、熔融、升华、吸附、脱水、分解等变化。高分子分析检测技术已成为各种材料的研究开发、工艺优化和质量监控的重要手段，在化学、化工、材料改性等领域得到了广泛的应用。目前，随着社会与经济的发展，越来越多的企业也开始使用先进的测试仪器对原料或加工产品的品质及产品的质量进行监控，以确保生产高效进行，提高竞争力。因此，在学习高分子合成技能基础上掌握高分子分析与性能检测显得越来越重要。

项目二十　红外光谱法鉴定聚合物

一、实训目的
（1）了解傅里叶变换红外光谱仪的结构和工作原理。
（2）初步掌握聚苯乙烯等聚合物红外光谱的测试和分析方法。

二、实训原理
构成物质的分子都是由原子通过化学键连接而成，分子中的原子与化学键受光能辐射后均处于不断的运动之中。这些运动除了原子外层价电子的跃迁之外，还有分子中原子的相对振动和分子本身的绕核转动。当一束红外光照射物质时，被照射物质的分子将吸收一部分相应的光能，转变为分子的振动能量和转动能量，使分子固有的振动能级和转动能级跃迁到较高的能级，光谱上即出现吸收谱带。通常以波长（μm）或波数（cm^{-1}）为横坐标，吸光度A或透射率T（%）为纵坐标，将这种吸收情况以吸收曲线的形式记录下来，得到该物质的红外吸收光谱或红外透射光谱，简称红外光谱。

红外光谱的波谱段分为近、中、远红外三部分，有机结构分析中应用最多的是中红外区：$4000\sim400cm^{-1}$。$400\sim10cm^{-1}$为远红外区，$15000\sim4000cm^{-1}$则为近红外区，绝大多数化合物的红外吸收波数范围在$4000\sim665cm^{-1}$。

对于聚合物而言，复杂的聚合物结构和聚集相态使得红外光谱测试方法多样化，制样技术对红外光谱图的质量有很大影响，其中最重要的是样品的厚度。样品太薄，吸收峰都很弱，有些峰会被基线噪声所掩盖，但样品太厚，吸收峰会变宽甚至产生截顶，适当的样品厚度应在$10\sim30\mu m$才能有理想的谱图。在样品表面会发生反射，一般表面反射的能量损失为百分之几，但在强吸收峰附近可达15%以上，为了补偿由于反射引起的吸收峰变形，可以在参比光路中放一个组分相同但薄得多的样品；另外，反射还会产生干涉条纹，尤其在低频区更为突出，消除的方法是使样品表面变粗糙，可用楔形薄膜或在样品表面涂上一层折射率相近的不吸收红外光的物质。因此用红外光谱测定聚合物样品的方法比较多，主要有以下几种。

1. 薄膜法

（1）直接采用法　如果试样本身就是透明的薄膜，若其厚度合适就可以直接使用，若较厚，则可以通过轻轻拉伸使其变薄后使用。

（2）热压成膜法　热塑性高聚物可以通过加热压成适当厚度的薄膜。

（3）溶液铸膜法　将高聚物样品溶解在适当的溶剂中，将溶液均匀涂在平滑的玻璃板表面，待溶剂完全挥发后，将薄膜揭下即可。

2. 压片法

压片法是适用于固体粉末样品的制样方法。取少许样品粉末和为其质量$100\sim200$倍的光谱纯的KBr粉末，一起在玛瑙研钵中于红外灯下研匀成细粉，如果样品不是粉末，应先在低温下研磨成粉末状，一般橡胶不可以用热压法制样，就可以采用这种方法制样。将研磨好的粉末放入压片模中，用油压机制成透明的薄片。

3. 液膜法

（1）溶液法　将高聚物溶液在KBr晶片上涂成薄薄的一层液膜，就可以直接进行测定。若溶液黏度很小，可夹在两片KBr晶片中测定。由于绝大多数有机溶剂在红外光谱区内有较强的吸收，所以这个方法很少用于高聚物样品的制备。

（2）悬浮法　将极细的固体颗粒悬浮在尽可能少的石蜡油或全氟煤油中，研磨成糊状物，然后涂在NaCl晶片上使用，但一般高聚物制样也很少用该法。

三、实训仪器和样品

仪器：FT-IR红外光谱仪（FT-IR850），研钵，压片液压器。

样品：聚苯乙烯粉末样品等。

四、实训步骤

（1）开机前检查实验室电源、温度和湿度等环境条件，当电压稳定，室温在$15\sim25$℃、湿度≤60%才能开机。

（2）首先打开红外光谱仪器的外置电源，稳定半小时使仪器能量达到最佳状态。开启电脑打开仪器操作平台FT-IR操作软件，检查仪器稳定性并进行参数设置。

（3）根据样品特性以及状态，制订相应的制样方法并制样。固体粉末样品用 KBr 压片法制成透明的薄片；液体样品用液膜法、涂膜法或直接注入液体池内进行测定。

（4）扫描和输出红外光谱图：将制好的 KBr 薄片轻轻放在锁氏样品架内，插入样品池并拉紧盖子，在软件设置好的模式和参数下测试红外光谱图。先扫描空光路背景信号（或不放样品时的 KBr 薄片），再扫描样品信号，经傅里叶变换得到样品红外光谱图，并对谱图进行所需的数据处理。

（5）测量工作结束后，应先退出应用程序。关电源时，应先关闭红外光谱仪的电源，然后正确退出 Windows 并关闭 PC 机电源，最后关闭其他设备的电源。实验完毕，将制样器具用水、无水酒精或丙酮擦洗干净，晾干，以备下次再用。同时，收拾、整理好实验用具，打扫实验室卫生。

五、数据处理与分析

以图 5-1 红外光谱图为例分析。

① 该图谱在 $3100\sim3000\mathrm{cm}^{-1}$ 波数段有明显的吸收峰，可以大致判断为烯烃的 C—H 伸缩振动，但该图在 $1680\sim1620\mathrm{cm}^{-1}$ 波数段却没有烯烃的 C=C 伸缩振动，可以推测出该结构中没 C=C，即可能是聚合物。

② 该图谱在 $3000\sim2800\mathrm{cm}^{-1}$ 有明显的吸收峰，可以推测出该结构中有 C—H 的对称和不对称伸缩振动，而在 $1470\mathrm{cm}^{-1}$ 和 $1380\mathrm{cm}^{-1}$ 附近也有明显的吸收峰，可以推测为 C—H 的弯曲振动。

③ 该图在 $1250\sim800\mathrm{cm}^{-1}$ 也有明显的吸收峰，可以推测为 C—C 骨架的振动，不过其特征性不强。

④ 该图谱在 $1600\mathrm{cm}^{-1}$ 左右有明显吸收峰，可推测为苯环骨架的特征吸收峰；苯环的一元取代弯曲振动在 $770\sim650\mathrm{cm}^{-1}$，与图谱吻合。综合上述信息，可以大致判定为该物质是实验材料聚苯乙烯。

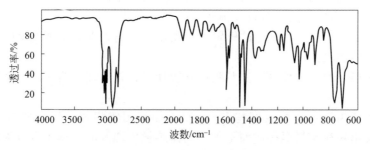

图 5-1　样品红外光谱图

六、注意事项

（1）环境要求：温度为 $16\sim27$℃，湿度不大于 70%。

（2）使用环境中不应含有害气体、挥发溶剂，特别应避免接触氟利昂、四氯化碳、卤化物。如果必须使用这些试剂，则必须加氮气吹扫光谱仪。

（3）使用中应避免仪器的振动。

七、思考题

（1）试说明影响红外光谱的主要原因。

（2）利用红外光谱法测定一种仅溶于水的试样，可以采用哪些方法制备试样？

（3）举例聚合物中常见官能团的红外光谱峰的位置。

项目二十一　热重分析法分析高分子材料组成

一、实训目的
(1) 通过高分子样品测试了解热重分析仪的原理。
(2) 掌握常见高分子热重曲线的分析。

二、实训原理
热重分析法（TG，简称热重法）是在程序控制温度的条件下测量物质的质量与温度关系的一种技术。热重分析仪主要由炉子、程序控温系统、记录系统等几个部分构成。通过分析热重曲线，我们可以知道样品及其可能产生的中间产物的组成、热稳定性、热分解情况及生成的产物等与质量相联系的信息。

从热重法可以派生出微商热重法，也称导数热重法，它是记录 TG 曲线对温度或时间的一阶导数的一种技术。实验得到的结果是微商热重曲线，即 DTG 曲线，以质量变化率为纵坐标，自上而下表示减少；横坐标为温度或时间，从左往右表示增加。DTG 曲线的特点是，它能精确反映出每个失重阶段的起始反应温度，最大反应速率温度和反应终止温度；DTG 曲线上各峰的面积与 TG 曲线上对应的样品失重量成正比；当 TG 曲线对某些受热过程出现的转折点不明显时，利用 DTG 曲线能明显地区分开来。

热重法的主要特点是定量性强，能准确地测量物质的质量变化及变化的速率。根据这一特点，可以说只要物质受热时发生质量的变化，都可以用热重法来研究。

三、实训仪器和样品
仪器：热失重分析仪 TG105（南京大展机电技术研究所），陶瓷坩埚或铝坩埚。
样品：低密度聚乙烯，高密度聚乙烯等。

四、实训步骤
(1) 打开热重分析仪及电脑，点击通信连接，在"设置"菜单下设置参数，升温速率为 20℃/min 左右，恒温时间为 30min 左右。温度范围根据具体样品来设置，最高不超过 500℃，第一次测试实验，热重分析仪预热 3h。

(2) 取下空坩埚，取 2~5mg 试样置于空坩埚内，轻轻振动，使之均匀平铺于坩埚内，点击运行按钮开始实验。

(3) 实验完毕，通过软件进行实验数据分析计算，打印 TG 曲线图，降温，关闭电脑及热重分析仪。

(4) 实验注意事项：实验温度超出 600℃ 不能使用铝坩埚，铝坩埚熔化会损坏仪器部件；固体样品要求颗粒与坩埚接触面平整，确保热量传递及时；粉末状或液体样品，要求不超过坩埚体积的 1/3。

五、数据处理与分析
以橡胶热重曲线分析图（图 5-2）为例，在 DTG 曲线 263℃ 附近出现第一个失重峰，TG 曲线失重量为 14.06%，由于样品中小分子的熔点较低，所以该温度下的失重是由于小分子（比如增塑剂、防老剂等）的挥发造成的；在 394℃ 附近出现第二个失重峰，失重量为 77.5%，由于胶料一般在 400℃ 左右裂解，所以判断该失重量就是样品中胶的含量。剩余的 6.43% 为到 800℃ 还不能裂解的材料，比如胶料中加入的填料（炭黑、白炭黑、碳酸钙等）。综合考虑，可以推断出样品中含有橡胶约为 77.5%，含有软化剂等小分子 14.06%，含有填料 6.43%。

六、思考题
(1) 如果升温速率过快对实验有何影响？

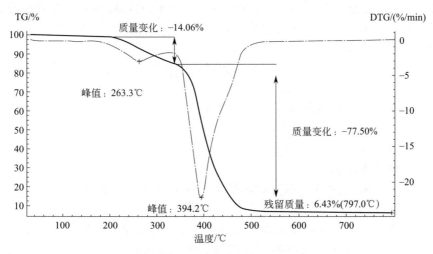

图 5-2 样品橡胶热重分析图

（2）进行高分子热重分析时需要了解哪些知识？

项目二十二　热塑性塑料差热分析

一、实训目的
（1）了解差热扫描分析法的基本原理和差热扫描量热仪的基本构造。
（2）掌握差热扫描量热仪的使用方法。
（3）掌握差热仪测定聚乙烯、聚丙烯等样品的差热图分析方法。

二、实训原理

热分析是一种很重要的分析方法，它是在程序控制温度下，测量物质的物理性质与温度关系的一种技术。在加热或冷却的过程中，随着物质的结构、相态和化学性质的变化都会伴有相应的物理性质的变化，这些物理性质包括质量、温度、尺寸和声、光、热、力、电、磁等。当物质的物理性质发生变化（例如结晶、熔融或晶形转变等）或者起化学变化时，往往伴随着热力学性质如热焓、比热容、热导率的变化。差热扫描量热法（differential scanning calorimetry，DSC）就是通过测定热力学性质的变化来表征物理或化学变化过程的。在程序控制温度下，测量输入到试样和参比物的功率差（如以热的形式）与温度的关系。差热扫描量热仪记录到的曲线称 DSC 曲线，它以样品吸热或放热的速率，即热流率 dH/dt（单位毫焦/秒）为纵坐标，以温度 T 或时间 t 为横坐标。这种方法可以用来测定聚合物的结晶速度、结晶度以及结晶熔点和熔融热等；还被用于研究各种因素对玻璃化转变与结晶-熔融转变的影响；可用来研究高聚物的热氧化、热降解和热交联；可用来研究多相体系的相容性等。

例如，结晶度和熔融热焓值成正比，因此可以利用 DSC 法测定聚合物的百分结晶度。先根据高聚物的 DSC 熔融峰面积计算熔融热焓 ΔH，假设 ΔH_f 是 100% 的结晶样品的扩散热，结晶度可按公式 $X_c = \Delta H/\Delta H_f \times 100\%$ 求得（ΔH、ΔH_f 在相同条件下求得，这里聚丙烯的 ΔH_f 取 190J/g）。

在进行 DSC 测试时，将试样和参比物分别放入坩埚，置于炉中进行程序加热，改变参比和试样物的温度。若参比和试样的热容相同，试样又无热效应时，则二者的温差几乎为"零"，此时得到一条平滑的曲线。随着温度的升高，试样产生了热效应，而参比物未产生热效应，二者就产生了温差，在DSC曲线中表现为温差越大峰也越大，温差变化次数越多，峰的数目也越多。峰顶向上的峰称为放热峰，峰顶向下的峰称为吸热峰。

三、实训仪器和样品

仪器：DSC-100差热扫描量热仪（南京大展机电技术研究所），陶瓷坩埚或铝坩埚，电子天平。

样品：聚乙烯、聚丙烯薄膜等（注意：固体样品要求颗粒均匀，样品粒度尽量磨成小颗粒，样品量从几毫克到10mg之间均可）。

四、实训步骤

（1）开机，将仪器预热2h。

（2）样品准备：将聚丙烯薄膜剪成坩埚大小的片状（约5mg），样品热效应大的取样少，热效应小的取样多。

（3）称重：用分析天平先称量标准铝坩埚的质量，将铝坩埚的质量作为皮重去除，天平上的数字显示变为零，再加入聚丙烯样品到坩埚中，这时天平上显示的就是聚丙烯样品的质量。

（4）启动热分析软件，设置样品温度、升温速率、气体流量等参数。设置完毕点击运行按钮，等DSC曲线出现一个完整的峰之后，点击快捷菜单上"停止"键，停止实验。

（5）数据分析

数据采集结束后，点击数据"数据分析"菜单，可进行曲线平滑、数据分析、熔点等测试结果分析。

五、数据处理与分析

以某牌号聚丙烯样品为例，实验结果如下：

质量：5.1mg；结晶度：36.79%；ΔH：106.68J/g；峰值温度：123.43℃。

分析：图中两个梯度说明样品不纯，聚丙烯薄膜中含有高密度和低密度的聚丙烯。

六、思考题

（1）差热扫描量热法（DSC）的基本原理是什么？

（2）DSC在聚合物的研究中有哪些用途？

（3）用DSC测聚合物的结晶度的原理是什么？

知识介绍

热分析在高分子材料中的应用

现代热分析是一个广义的概念，是分析物质的物理参数随温度变化的有关技术。1977年国际分析协会将热分析定义为"热分析是测量在受控程序温度条件下，物质的物理性质随温度变化的函数关系的一组技术"。其中物质是指被测样品（或者是反应产物），程序温度一般采用线性程序，也可使用温度的对数或倒数程序。

差热分析（differential thermal analysis，简称DTA）是试样和参比物在程序升温或降温的相同环境中，测量两者的温度差随温度（或时间）的变化。

差示扫描量热法（differential scanning calorimery，简称DSC）是试样和参比物在程序升温或降温的相同环境中，使两者的温度差为零所必需的热量对温度（或时间）的关系的补偿测量方法。DSC的优点是热量定量方便、分辨率高、灵敏度好，但DSC的缺点是使用温度低。DSC在高分子材料方面的应用特别广泛，主要用于研究聚合物的相转变，测定结晶度，测试熔点T_m、结晶度X_p、等温结晶动力学参数、玻璃化转变温度T_g以及研究聚合、固化、交联、氧化、分解等反应，并测定反应温度或反应温度区、反应热及一系列反应动力学参数。

热重法（TG）是在程序控制温度下测量物质质量与温度关系的一种技术。随着高分子材料与工程的发展，人们广泛应用热重法来研究高分子材料的热稳定性，如添加剂对热稳定性的影响，高分子材料含湿量和添加剂含量的测定，反应动力学的研究，共聚物、共混物体系的定量分析，聚合物和共聚物的热裂解以及热老化的研究等。

动态热机械分析（DMA）是测定材料在交变应力（或应变）作用下，应变（或应力）响应随频率变化的技术。它通过高聚物材料的结构、分子运动的状态来表征材料的特性。DMA能同时提供高聚物材料的弹性性能与黏性性能；提供材料因物理与化学变化所引起的黏弹性变化及热膨胀性质；提供材料在一定频率范围内的阻尼特性。DMA可以较精确地确定不同温度下材料的模量（复合模量、损耗模量及储能模量），同时DMA在确定材料的状态转变方面比其他方法（DSC和TMA）更加灵敏。当复合材料发生玻璃化转变时，材料的比热容及热膨胀系数变化不明显（因而DSC和TMA测定T_g有一定困难），而材料的模量变化可达几个数量级，这样使得DMA测定T_g较为容易。更重要的是，DMA使一些微弱的次级转变的测定成为可能。

项目二十三　热塑性塑料熔体流动速率的测定

一、实训目的

（1）了解热塑性聚合物熔体流动速率的原理和测定意义。
（2）学习掌握熔体流动速率测定仪的使用方法。
（3）测定聚丙烯、聚乙烯树脂的熔体流动速率。

二、实训原理

聚合物流动性即可塑性是一个重要的加工性能指标，它对聚合物材料的成型和加工有重要意义，而且又是高分子材料的应用和开发的重要依据。大多数热塑性树脂材料都可以用熔体流动速率来表示其黏流态时的流动性能。熔体流动速率是指在一定温度和负荷下，聚合物熔体10min通过标准口模的质量，通常用英文缩写MFR（melt flow rate）表示。在相同的条件下，单位时间内流出量越大，熔体流动速率就越大，这对材料的选用和成型工艺的确定有重要实用价值。但是有一些热塑性塑料是不能用熔体流动速率来表示的，例如聚四氟乙烯和聚氯乙烯，前者在熔融态没有宏观流动，后者则是热敏性塑料，其分解温度低于流动温度，不能在熔融态测定其流动性能。聚氯乙烯通常用其1%的二氯乙烷溶液的绝对黏度来表征其流动性能，作为加工条件及应用的选择依据。热固性树脂通常是含有反应基团的低聚物，合成树脂厂通常用黏度或滴落温度来衡量其流动性和分子量的大小，黏度越低流动性就越好，并由此作为加工成型与应用的依据。热固性树脂受热时有一个流动温度区间，在这个区间内，温度越高黏度越低，但是树脂的交联固化就会越快，因而对加工不利。而流动性太好也会导致溢料或者填料与树脂接头处缺陷，影响成型过程和产品质量。热固性塑料的流动性通常用拉西格流程法测定。其原理是在一定温度、压力和压制时间内，一定量热固性塑料经拉西格流动模型压制成型时，测量物料在模型内棱柱体流槽中所得的杆状试样长度（mm），杆状试样越长流动性越好，反之越差。橡胶胶料的流动性有多种测定方法，通常有威廉可塑度法和门尼黏度法等。

本实训要求测定聚丙烯等树脂的熔体流动速率。聚丙烯、聚乙烯是常用的热塑性树脂。在热塑性塑料成型和合成纤维纺丝的加工过程中，MFR是一个衡量流动性能的重要指标。对于一定结构的同种树脂熔体，MFR 越大，熔体流动速率就越大，说明其平均分子量就越小，反之分子量就越大。对于分子量相同的树脂，MFR 则是一种比较分子量分布的手段。高聚物流动性的好坏是高分子材料加工时必须考虑的，不同的用途和不同的加工方法，对聚合物的熔体流动速率有不同的要求，比如注射成型所选用的聚合物熔体流动速率较高，挤出成型用的聚合物熔体流动速率较低，吹塑成型的介于两者之间。测定不同结构的树脂熔体的 MFR，所选择的温度、负荷压强、试样用量和取样时间各不相同。熔体流动速率的测量是在熔体流动速率测定仪上进行的，其实质是一个毛细管塑式挤出器。熔体流动速率是在给定的剪切应力下测得的，不存在广泛的应力-应变关系，不能用来研究黏度与温度、剪切速率的依赖关系，只能用来比较同类结构的高聚物的分子量和熔体黏度的相对值。

三、实训仪器和样品

仪器：XNR-400BM 熔体流动速率仪，电子天平，秒表。

样品：聚丙烯粒料，聚乙烯粒料。

四、实训步骤

(1) 仪器安放平稳，调节水平，以活塞杆可在料筒内自然落下为准。开启电源，将调温旋钮设定至 230℃（聚乙烯实验温度为 190℃，不同样品操作条件参照表 5-1，表 5-2），并开始升温。

表 5-1　常用的树脂测量 MFR 的标准条件

树脂	实验温度/℃	负荷/g	负荷压强/MPa
PE	190	2160	0.304
PP	230	2160	0.304
PS	190	5000	0.703
PC	300	1200	0.169
POM	190	2160	0.304
ABS	200	5000	0.703
PA	230	2160	0.304
纤维素酯	190	2160	0.304
丙烯酸树脂	230	1200	0.169

表 5-2　试样用量与取样时间

MFR/(g/10min)	试样量/g	取样时间/s
0.1～0.5	3～4	240
0.5～1.0	3～4	120
1.0～3.5	4～5	60
3.5～10.0	6～8	30
10.0～25.0	6～8	10

(2) 当实际温度达到设定值后，恒温 5min 后，按照被测 PP 物料的牌号确定称取物料的质量。将压料杆取出，将物料加入料筒并压实，最后固定好套件，开始计时。

(3) 等加入 6～8min 后，在压料杆顶部加上选定的砝码（本实验 PP 为 2160g），熔融的试样即从出料口挤出，将开始挤出的 15cm 长度可能含有气泡的部分切除后开始计时。

(4) 按照选定取样时间（PP应为1min）取样，样品数量不少于5个，含有气泡的样品应弃去。

(5) 每种树脂试样都应平行测定两次，从取样数据中分别求出其MFR值，以算术平均值作为该试样的MFR值。若两次测定差距较大或同一次各段质量差较大，应找出原因。

(6) 实验完毕后，将剩余物料挤出，将料筒和压料杆趁热用软布清理干净，保证各部分无树脂熔体黏附。

五、注意事项

(1) 料筒压料杆和出料口等部位尺寸精密，光洁度高，故实验要谨慎，防止碰撞变形和清洗使材料损伤。

(2) 实验和清洗时要带双层手套，防止烫伤。

(3) 实验结束挤出余料时，要轻缓用力，切忌以强力施加，以免仪器损伤。

六、数据处理与分析

(1) 记录与计算。

实验温度/℃			
实验塑料材料质量/g			
实验负荷/kg			
切取样条的时间间隔/s			
每根样条的质量/g	1	2	3
样条的平均质量/g			
熔体流动速率			

(2) 将每次测试所取各段物料，选3个无气泡料段分别用分析天平称量，然后按照下式计算熔体流动速率：$MI = W \times 600/t$

式中，W 为5个切割段的平均质量，g；t 为取样时间间隔，s。

(3) 分析实验过程切割段的颜色，有无气泡等现象与实验结果和实验方法的关系。

七、思考题

(1) 测定MFR的实际意义有哪些？

(2) 可否直接挤出10min的熔体的质量作为MFR值？为什么？

项目二十四　高分子材料拉伸性能测试

一、实训目的

(1) 熟悉电子拉力机的原理及使用方法。

(2) 测定并绘制聚合物的拉伸应力-应变曲线，测定并计算其屈服强度、拉伸强度、断裂强度和断裂伸长率等各种拉伸力学性能。

(3) 观察不同聚合物的拉伸特性，了解测试条件对测试结果的影响。

二、实训原理

拉伸性能是聚合物力学性能中最重要、最基本的性能之一。拉伸性能的好坏，可以通过拉伸实训来检验。

拉伸实训是在规定的试验湿度和速度条件下，对标准试样沿纵轴方向施加静态拉伸负荷，直到试样被拉断为止。用于聚合物应力-应变曲线测定的电子拉力机是将试样上施加的载荷形变通过压力传感器和形变测量装置转变成电信号记录下来，经计算机处理后，测绘出试样在拉伸变形过程中的拉伸应力-应变曲线。从应力-应变曲线上可得到材料的各项拉伸性能指标值，如拉伸强度、拉伸断裂应力、拉伸屈服应力、偏置屈服应力、拉伸弹性模量、断裂伸长率等。通过拉伸实训提供的数据，可对高分子材料的拉伸性能做出评价。

应力-应变曲线一般分为两个部分：弹性变形区和塑性变形区。在弹性变形区域，材料发生可完全恢复的弹性变形，应力和应变呈线性关系，符合虎克定律。在塑性变形区域，形变是不可逆的塑性变形，应力和应变不再呈正比关系，最后出现断裂。不同的高分子材料、不同的测定条件，分别呈现不同的应力-应变行为。影响聚合物拉伸强度的因素有以下几点。

（1）高聚物的结构和组成　聚合物的分子量及其分布、取代基、交联、结晶和取向是决定其机械强度的主要内在因素。通过在聚合物中添加填料，采用共聚和共混方式来改变高聚物的组成可以达到提高聚合物的拉伸强度的目的。

（2）实训状态　拉伸实训是用标准形状的试样，在规定的标准化状态下测定聚合物的拉伸性能。标准化状态包括：试样制备、状态调节、实验环境和实验条件等。这些因素都将直接影响实验结果，例如在试样制备过程中，由于混料及塑化不均，引进微小气泡或各种杂质，在加工过程中留下来的各种痕迹，如裂缝、结构不均匀的细纹、凹陷、真空泡等，这些缺陷都会使材料的强度降低。

拉伸速度和环境温度对拉伸强度有着非常重要的影响。塑料属于黏弹性材料，其应力松弛过程对拉伸速度和环境温度非常敏感。当低速拉伸时，分子链来得及位移重排，呈现韧性行为，表现为拉伸强度减小，而断裂伸长率增大。高速拉伸时，高分子链段的运动跟不上外力作用速度，呈现脆性行为，表现为拉伸强度增大，断裂伸长率减小。聚合物品种繁多，不同的聚合物对拉伸速度的敏感不同。硬而脆的聚合物对拉伸速度比较敏感，一般采用较低的拉伸速度。韧性塑料对拉伸速度的敏感性小，一般采用较高的拉伸速度，以缩短实训周期，提高效率。不同品种的聚合物可根据国家规定的试验速度范围选择合适的拉伸速进行实训。高分子材料的力学性能表现出对温度的依赖性，随着温度的升高，拉伸强度降低，而断裂伸长则随着温度的升高而增大。因此，试样要求在规定的温度下进行。

三、实训仪器和样品

仪器：XWW 微控电子万能试验机，游标卡尺。

样品：聚丙烯样品（双铲型），聚乙烯样品（双铲型）。每组试样不少于 5 个，要求表面平整，无气泡、裂纹、分层、伤痕等缺陷（不同的材料优选的试样类型及相关条件及试样的类型尺寸参照 GB/T 1040—2006 执行）。

四、实训步骤

（1）打开万能试验机预热 20min，打开电脑进入试验软件，选择好联机方向，选择正确的通讯口，设置参数。

（2）对试样教学编号，测量试样的宽度和厚度，精确至 0.01mm，每个试样测量三点取算术平均值。在试样中间平行部分做标线标明标距 G_0，此标线对测试结果不应有影响，如图 5-3 所示。

（3）夹持试样，夹具夹持试样时，要使试样纵轴与上、下夹具中心线相重合，并且要松紧适宜，以防止试样滑脱或断在夹具内，点击"运行"，开始自动试验。处理结果。

（4）进行其余样条的测试。若试样断裂在中间平行部分之外时，此试样作废另取试样补做。

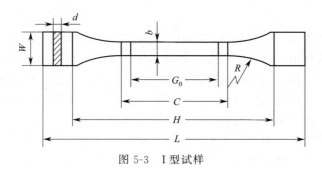

图 5-3 I 型试样

五、数据处理与分析

(1) 数据记录。

序号	试样尺寸/mm		标距/mm	最大拉力/N	断裂时长度/mm	拉伸强度/MPa	断裂伸长率/%
	宽度	厚度					
平均值							

(2) 计算公式 拉伸强度或拉伸断裂应力或拉伸屈服应力 σ_t (MPa):

$$\sigma_t = \frac{p}{bd}$$

式中，p 为最大负荷或断裂负荷或屈服负荷，N；b 为试样工作部分宽度，mm；d 为试样工作部分厚度，mm。

断裂伸长率 ε_t (%):

$$\varepsilon_t = \frac{L - L_0}{L_0}$$

式中，L_0 为试样原始距离，mm；L 为试样断裂时标线间距离，mm。

计算结果以算术平均值表示，σ_t 取三位有效数值，ε_t 取两位有效数值。

六、思考题

(1) 对于拉伸试样，如何使拉伸实验断裂在有效部分？分析试样断裂在标线外的原因。

(2) 改变实验的拉伸速度会对测试结果产生什么影响？

(3) 同样的 PP 材料，为什么测定的拉伸性能（强度、断裂伸长率、模量）有差异？

(4) 试比较橡胶、塑料在应力-应变曲线中的不同？

项目二十五　高分子材料冲击性能的测定

一、实训目的

(1) 了解悬臂梁冲击试验机基本结构和原理。

(2) 熟悉悬臂梁冲击性试验机的基本操作。

(3) 掌握实训结果处理方法，了解测试条件对测定结果的影响。

二、实训原理

材料力学性能是指在载荷（外力）作用下或载荷与环境因素（温度、介质和加载速率）联合作用下所表现的行为。强度、硬度、塑性、韧性都属于材料的力学性能。材料的力学性能决定于材料的化学成分、组织结构等内在的因素，但外在因素，如载荷性质（静载荷、冲击载荷、交变载荷）、应力状态（拉、压、弯曲、剪切等）、温度、环境介质等对材料力学性能也有很大的影响。冲击强度用材料突然受到冲击而断裂时，每单位横截面积上材料所吸收的能量去度量。它反映材料耐冲击作用的能力，是一个度量材料韧性的指标。冲击强度小，材料较脆。目前我国国家标准规定的塑料冲击实验方法是摆锤法。实验时，将标准长条试样放在悬臂梁冲击试验机规定的位置上，然后使摆锤自由下落，冲击试样中部，冲断时所需消耗的功（即指针在校正过的标尺上的读数）除以冲击面积，就得到单位面积上材料的抗冲击功，即为冲击强度。

三、实训仪器和样品

仪器：XJJ-22悬臂梁冲击试验机（该试验机技术参数见表5-3）。

表5-3　XJJ-22悬臂梁冲击试验机参数

摆锤能量/J	5.5	11	22
摆锤力矩/Nm	2.8355	5.6710	11.3419
标度盘最小分度值/J	0.05	0.1	0.2
无试样时的最大摩擦损失/J	0.03	0.05	0.10
有试样经校正后的允许误差/J	0.02	0.02	0.10

冲击速度为3.5m/s；摆锤预扬角为160°；摆轴中心到试样中心的距离为322mm；钳口圆角半径为1mm；冲击刀刃夹角为30°；冲击刀刃圆角半径为2mm。

样品：聚丙烯样品（缺口），聚乙烯样品（缺口）。

四、实训步骤

（1）根据试样破坏时所需能量选择摆锤，使试样断裂时所消耗的能量在所选摆锤总能量10%~85%的范围内，安装冲击摆。

（2）测量每个试样中部的厚度和宽度或缺口试样的剩余宽度b_N，精确到0.02mm。进行空白试验，记录所测得的摩擦损失，该能量损失不得超过表5-5规定的值。如果摩擦损失小于或等于所规定的值，此值才可用在修正吸收能量的计算中，如果超过所规定的值，就应仔细检查其原因并对试验机进行校正。

（3）抬起并锁住摆锤，把试样放在虎钳中，测定缺口试样时，缺口应在摆锤冲击刃的一边。释放摆锤，记录试样所吸收的冲击能，并对其摩擦损失等进行修正。

（4）试样可能会有四种破坏类型：完全破坏（试样断开成两段或多段）、铰链破坏（断裂的试样由没有刚性的很薄表皮连在一起的一种不完全破坏）、部分破坏（除铰链破坏外的不完全破坏）和不破坏。测得的完全破坏和铰链破坏的值用以计算平均值。在部分破坏时，如果要求部分破坏的值，则以字母P表示。完全不破坏时以NB表示，不报告数值。

五、数据处理与分析

1. 无缺口试样悬臂梁冲击强度 a_{iu}（kJ/m²）

$$a_{iu} = \frac{W}{hb} \times 10^3$$

式中　W——破坏试样所吸收并经过修正后的能量，J；

　　　h——试样厚度，mm；

b——试样宽度，mm。

2. 缺口试样悬臂梁冲击强度 a_{iN}（kJ/m²）

$$a_{iN} = \frac{W}{hb_N} \times 10^3$$

式中　W——破坏试作所吸收并经修正后的能量，J；

　　　h——试样厚度，mm；

　　　b_N——试样缺口底部的剩余宽度，mm。

3. 计算平均值

计算一组实验结果的算术平均值，取两位有效数字。

在一种样品中存在不同的破坏类型时，应注明各种破坏类型试样数目和算术平均值。

4. 标准偏差 s

$$s = \sqrt{\frac{\sum (X_i - \overline{X})^2}{n-1}}$$

式中　s——标准偏差；

　　　X_i——单个测定值；

　　　$\overline{X}$——测定值的算术平均值；

　　　n——测定个数。

六、数据处理与分析

序号	试样尺寸/mm				吸收的能量/J	冲击强度/(kJ/m²)
	试样厚度	试样宽度	缺口的保留宽度	长度		
	平均值					

七、思考题

（1）影响悬臂梁冲击实训结果误差的因素有哪些？

（2）正置缺口和反置缺口冲击的区别是什么？如何确定使用何种方式进行冲击？

（3）如果试样上的缺口是机械加工而成，加工缺口过程中，哪些因素会影响测定结果？如何影响？

（4）悬臂梁和简支梁冲击时，试样受到的作用力有何区别？选择使用这两种方法之一的依据是什么？

知识介绍

关于"标准"

1. 国际标准

国际标准是所有的国家都使用的相同的标准。在包括塑料和橡胶在内的大多数领域，试图达成理想化国际协议的最主要的团体是国际标准组织（ISO），该组织成立于1946年，ISO的工作语言为英语、法语、俄语。国际标准号主要由顺序号及批准或修订年份组成，前面冠以ISO，在标准中，带R者为推荐标准；TR为技术报告。例如：ISO/R1183—1970《塑料-除泡沫塑料外的各种塑料密度及相对密度的测定》；ISO/TR4137—1978《塑料-用交替弯曲法测定弹性模量》。

2. 国家标准

一般情况下每个国家都有一个主要标准团体作为ISO的官方成员，我国于1978年参加了ISO塑料材料技术委员会ISO/TC61。国家标准分为强制性国家标准（代号GB）、推荐性国家标准（代号GB/T）。我国国家标准序号由国家标准代号、国家标准发布的顺序号及发布的年号构成。例如：GB 1250—2008或GB/T 5835—2009。

3. 行业标准

塑料和橡胶行业标准由国家塑料和橡胶行业管理协会编制计划、组织草拟、审批、编号，并报国务院标准化行政主管部门备案。我国曾制订轻工业部部颁标准（SG）和化学工业部部颁标准（HG）。

4. 地方标准

对没有国家标准和行业标准而又需要在省、直辖市、自治区范围内统一的塑料和橡胶产品的安全、卫生、质量要求，可以制定地方标准，是为了便于新产品的鉴定与管理。它在相应的国家标准和行业标准实施后，自行废止。地方标准以DB为代号，加上省划分代号，如天津，DB12/T。

5. 企业标准

目前有数以百万计的企业标准，它们是许多商业合同的依据。企业生产的产品在没有相应的国家标准、行业标准及地方标准时，应当制定相应的企业标准，作为组织生产的依据。企业标准的代号为Q。

参 考 文 献

[1] 潘祖仁. 高分子化学. 3版. 北京：化学工业出版社，2003.
[2] 涂克华，杜滨阳，杨红梅，等. 高分子专业实验教程. 杭州：浙江大学出版社，2011.
[3] 潘祖仁，于在璋. 自由基聚合. 北京：化学工业出版社，1983.
[4] 曹同玉，刘庆普，胡金少. 聚合物乳液合成原理性能及应用. 北京：化学工业出版社，1997.
[5] 复旦大学高分子科学系高分子科学研究所. 高分子实验技术. 上海：复旦大学出版社，1996.
[6] 张兴英，李齐芳. 高分子科学实验. 北京：化学工业出版社，2007.
[7] 北京大学化学系高分子教研室. 高分子实验与专论. 北京：北京大学出版社，1990.
[8] 贾红兵，朱绪飞. 高分子材料. 南京：南京大学出版社，2009.
[9] 刘承美，邱进俊. 现代高分子化学实验与技术. 武汉：华中科技大学出版社，2008.
[10] 何卫东. 高分子化学实验. 合肥：中国科学技术大学出版社，2003.
[11] 甘文君，张书华，王继虎. 高分子化学实验原理与技术. 上海：上海交通大学出版社，2012.
[12] 赵剑英，孙桂滨. 有机化学实验. 北京：化学工业出版社，2009.
[13] 张晓黎. 高聚物产品生产技术. 北京：化学工业出版社，2009.
[14] 柳彩霞，陈明鸣，毛兵. C_5石油树脂的合成研究. 石化技术与应用，2008（1）：27-30.
[15] 唐丽华，王恩礼. 对C_5石油树脂合成实验的探讨. 科技论坛，2009（11）：29.